自転車に乗って見る日中経済

――コロナを超えて

霞山アカデミー新書　経 0001

目次

第一章　中国の改革開放と連動した日本の「産業空洞化」
——変えられなかった市場の特徴

1. はじめに

日本の経済産業社会、中国の改革開放、日中関係を捉える

中国は市場経済への移行、グローバル経済への参入を通じて、外国からの資本・技術導入も活用しながら経済発展を遂げました。日本経済は好む好まざるに関わりなく中国経済と深くつながり、政治や安全保障面での問題が発生しても、日本にとって「脱中国」は困難になっています。

また、中国が日本より後れているなどというのは遥か昔の認識で、今や情報通信技術が

日本よりも数段、社会に浸透していて、キャッシュレスエコノミーやシェアリングエコノミーの先進国となっています。ただ、シェアリングということに関連していえば、モノに対する価値観という点では、世界の流れのなかで、日本社会でも遅ればせながら徐々に「持つこと」から「利用すること」へと、重心が移行し始めているようにも感じられます。

２０２０年に世界に拡散したコロナ禍の影響はさまざまな領域に及んでいますが、供給網の断裂を通じて日中の緊密化に問題を投げかけると共に、所有から利用への社会的価値の移行を加速しているようにも思われます。

本書では、一つに、日本の経済社会の変化が中国経済といかに連動しているかについて考えたいと思います。それから単に進んでいるとか後れているとかいった発想ではない対比のなかから「日本とは、中国とは、どんな性格をもった国なのか」、漠然とではありますが、経済産業面から理解したいと思います。これらについて、「自転車に乗って」辿ってみましょう。(1)

なぜ自転車なのか？——一国・地域の工業化・産業発展を議論する

(1)「自転車に乗って」

ところでなぜ「自転車に乗って」なのでしょうか？　ちなみに私は自転車を持ってはいても、街乗り専門であって、サイクリストではありませんし、ここでサイクリングの魅力を語るつもりもありません。

「自転車に乗って」というのは、本当に自転車に乗る話をしたいのではなく、自転車という工業製品を通じて日本や中国の変化、日中の関係、両国の対比を見てみたいということを意味しています。

(2)なぜ自転車なのか①——中国の市場経済化と日本の産業の変遷との連関

しばしば経験することなのですが、最初に自転車の話というと、いつもがっかりされてしまいます。そこでなぜ自転車なのかもう少しご説明しましょう。

きっかけは、ある論文と出会い、それに衝撃を受けたことにあります。

私は天安門事件の直後に、霞山会の給費派遣留学の機会をいただいて天津の南開大学に行きました。そこで勉強し、生活してみて社会主義計画経済国の市場経済への移行に興味をもちました。その後もそれに関連する勉強を続けていましたが、今から10数年前の2003年秋に天津を訪れたとき、知り合いの研究者から、天津の自転車産業についての論文を紹介されました。[2]天津では、1990年代初めまで、実質的に計画経済時代に設立された国有の企業集団が1社だけで、自転車の部品製造から完成車組み立てまで全部一貫して行っていました。ところが、その論文によると、1990年代後半から2000年代初頭までの10年足らずの間に、市場経済化が加速される中で国有企業集団が分解して、天津の自転車産業は1000社ほどの民間企業から形成されるようになったというのです。

これはまさに自分の関心にフィットしたテーマだと思って飛びついて勉強を始めてみると、次に、ちょうどその頃、中国から強烈に安い自転車が日本に入ってきて自転車の値段がどんどん下がって、自転車が使い捨てになってしまい、放置自転車が社会問題になっていることに気づきました。そしてすぐに、それは日本国内の自転車産業の基盤が失われていっていること、生産の場が中国に移転してしまっていることを意味していることに気づきました。それでまた天津に飛んで、業界組織の幹部の方に話を聞くと、目の前のサンプルを指さしながら「天津の自転車のレベルは上がっています。見てください、日本メーカーのブレーキを使っているでしょう」と話してくれたのです。[3] 日本から中国に進出したブレーキメーカーのブレーキを使うことで自転車の品質が上がっている――つまり外資企業の進出で産業のレベルが上がってきた面も大きいという、中国経済論の教科書で勉強したような話を聞くことになりました。

そこで、次に、帰国してそのブレーキメーカーの日本の本社工場に伺うと、量産機能は中国拠点に移り、国内のブレーキ生産は著しく縮小していました。

こうして自転車産業を追跡すると、中国の改革開放、市場経済化についてもわかるし、日本の産業の変遷もわかりそうで、また中国の改革開放と日本の産業経済の変化はつながっているということが感じられたのです。これが自転車を追跡して見えることのさわりの部分です。

(3) なぜ自転車なのか② ―― 工業の全般的基盤をもつ産地

それでも自転車の話というと、「なんで？　自転車なんて安いところに生産が移っていく、ただの労働集約型組立産業でしょう?」といわれます。たしかに日本国内の自転車の産業規模はたかだか2500億円程度(4)——自動車のトヨタは1社で20数兆円——です。

ところが、歴史的に自転車の中心的産地になった場所を追っていくと、ヨーロッパ、アメリカ、日本、台湾、中国大陸の順になります。共通点は、ただ完成車を組み立てるだけでなく、部品から生産できた(ただしアメリカは非常に弱かった)ということです。

自転車は大きくみると30余りの部品、細かいネジまで含めると200点ほどの部品からなる工業製品です。必要な部品点数は自動車よりゼロ二つ、オートバイよりゼロ一つ少ないのですが、それでも自転車の部品を作るには、金属や化学工業の基盤や、金属を切断したり、削ったり曲げたりする加工技術が必要で、つまり工業の全般的な基盤がなければならないということになります。ですから、自転車というモノは、単に人件費が安ければ作れるというものではなくて、自転車を部品から作れる、あるいは過去にそうであったということは、大変な工業大国である、あるいは先進国・地域であることの証なのです。つまり工業製品として自転車を扱うことは、一つの国の工業化を議論することにもなるということなのです。そしてまた、自転車がどのように使われているのか、その使われ方を見ることで、その国や地域の特徴も見えてくるのです。

2. 日本の自転車のありかた

第一章でお話しすること

さて、前置きが長くなりました。三つの章に分けてお話しする、第一章のテーマは「中国の改革開放と連動した日本の『産業空洞化』――変えられなかった市場の特徴」です。日本では自転車はかつて主要な輸出製品の一つであり、１９３７年には機械輸出のトップが自転車とその部品でした。

終戦後まもなく、自転車の需要は移動運搬手段としては非常に大きく、加工設備を持て余した軍需工業まで自転車生産に参入してきましたが、多くはうまくいかず、朝鮮戦争の特需もあって退出していきました。ですが政策的支援もあり、海外自転車のリバースエンジニアリングによる研究から自転車産業の発展は再開され、１９６０年代、70年代と輸出産業として発展しました。自転車産業の技術面での発展は、後で言及します競輪の売上げをもとにした機械振興資金を原資として政策的に進められたところもありました。そして1980年代半ばまで、日本国内市場は部品から完成車までほぼ全て国産で占められていたのです。

ところが現在は、というと、国内市場に占める輸入車の割合が9割近くになり、かつての国内生産で国内需要を賄い輸出産業でもあったのが、国内向けの自転車はほとんどが中国で組み立てられたものということになって、中国依存が構造化しています。

この激しい変化がなぜ生じたのでしょうか？ 日本の社会的背景と経済のグローバル化、中国の改革開放の展開に注目しつつ、お話しすることにします。

日本の市場特性

(1) 生活形態の変化と市場の拡大

生活形態の変化と市場の拡大から説明しましょう。

日本で、戦前から戦後しばらくは自転車はモノを運ぶ業務用途で、牛乳配達や郵便配達で使うような堅牢な自転車が中心でした。これは「実用車」と呼ばれてきました。

それが大きく変わってくるのが高度成長期です。１９５０年代後半になると買い物用途の女性用自転車が登場しますが、本格的展開は60年代以降です。経済成長を支える人口が都市部へ集中し、都市圏が郊外に広がっていきました。それまで都市の人々は八百屋、肉屋、魚屋、雑貨屋や米屋に歩いていき、それぞれの店で買い物をしていましたが、生活圏が郊外に広がり、団地に多くの人々が住むようになって、買い物の場として1カ所で用が済みセルフサービスのスーパーが登場します。

ただ、スーパーは必ずしも歩ける距離になかったり、またまとめて買った物を歩いて運ぶには重かったりするので買い物に自転車が使われるようになります。また団地から駅までの距離を自転車で通うお父さんも登場します。そして子供に自転車を買ってやる余裕が出てきました。地方を中心に自転車で通学する需要も生まれてきます。

こうして高度成長期に、自転車はモノを運ぶ手段から、人が移動する手段へと変わってきました。**図1－1**（次頁）から自転車の車種が変わり、生産も拡大していることがわかります。モノを運ぶものから人が移動するものに変わる際、自転車は軽く、乗りやすいも

図1-1　完成車車種別生産実績

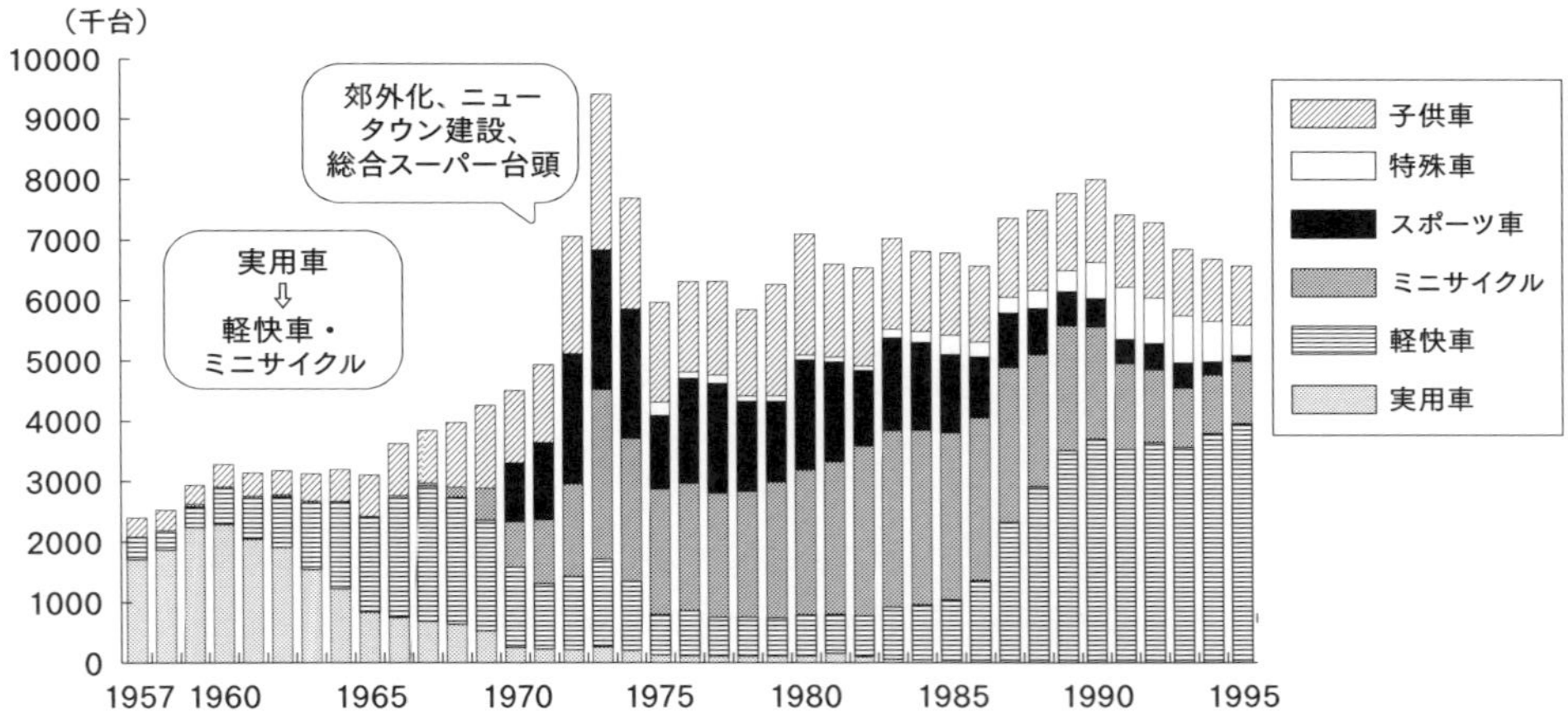

注：1970年以前の数値には軽快車にスポーツ車が、1975年以前の数値にはミニサイクルに特殊車が含まれている。また、1979年から子供車から幼児車が分かれたが本表では合算している。
出所：(財) 自転車産業振興協会『自転車統計要覧』各年版により作成。

のへと変わってきました。自転車のタイプが変わることで、金属の棒でハンドルから車輪までつながったブレーキから、ワイヤーでつながってかけるとキキーッと音が鳴るブレーキに置き換わったのもこの頃です。1960年代半ばから70年代初頭にかけて、女性が乗りやすいように車輪を小さくしたミニサイクルが開発され大いに流行しました。

人口の増加と生活形態の変化、所得の増加から、高度成長期にほぼ相当する1955年から70年までの間、自転車の保有台数は2倍以上に（3000万台近く）、自転車の生産台数は4倍に（約450万台まで）拡大しました。**図1-2**（次頁）で自転車の値段を大卒の初任給と比べてみると、高度成長期の入り口段階で給料1月分近くもした自転車が、高度成長期の終わりころには給料の3分の1で買えるようになっていたのです。人々は豊かになったのです。

⑵ 移動・実用に特化した日本の市場

自転車産業はこのように拡大してきましたが、移動・実用に特化した市場のあり方がその後の産業空洞化の大きな原因の一つになったのです。

高度成長が終わり、オイルショックと重なる頃、サイコロジーブームが日本にも波及し、日本でも自転車の生産と需要が伸び、また自転車の輸出も活発でした。また、1970年代には、当時流行したスーパーカーの後部ランプのような派手なフラッシャー付きの子供用スポーツ自転車が大流行しました。

しかしながら、レジャーやスポーツ用として使われる自転車は何度かブームは来ましたが、全体としてはなお一部にとどまり、自転車の用途は買い物、最寄り駅までの移動、通学といった実用用途がメインだったのです。

図1-2　大卒男子初任給＝100とした場合の自転車国内供給価格の推移

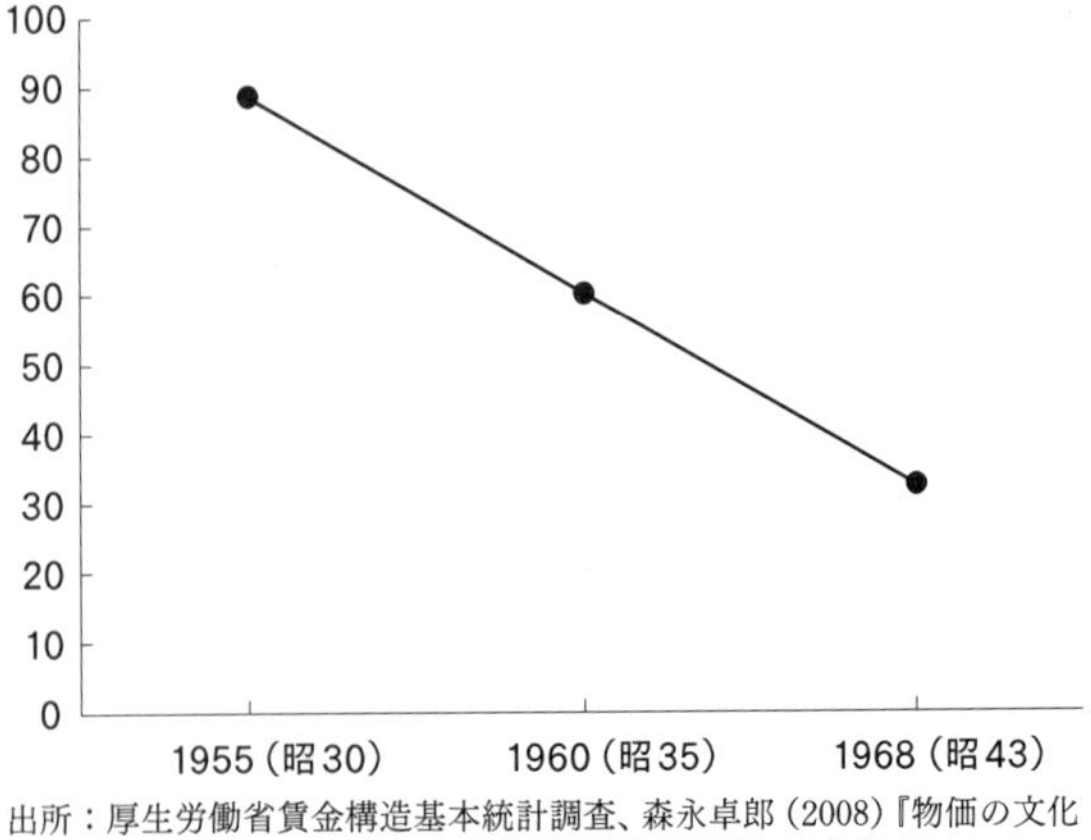

出所：厚生労働省賃金構造基本統計調査、森永卓郎（2008）『物価の文化史事典』展望社、自転車産業振興協会統計等により作成。

日本では、1948年に公営ギャンブルである自転車競技の競輪が始まっていて、日本にスポーツ自転車の基盤はあったのです。競輪の売上げは、自転車産業それ自体を含む機械産業の振興に使われ、日本の産業発展に一定の役割を果たしました。ですが、残念ながら競輪に興味を持つ人はギャンブルに興味をもつ人で、自転車を楽しみで利用する層を拡大することには必ずしもつながりませんでした。日本は、ヨーロッパのように日常的に自転車を楽しみ、自転車競技が自転車利用のピラミッドの頂点にあるような市場の構造にはならなかったのです。

自転車の躯体部分、フレームといいますが、その素材はもっぱら鉄を主成分としていて、そこからより軽くするためにアルミも使われるようになって、スポーツの領域では、さらに金属ではなくカーボン繊維を使ったものも登場し、この変化の過程で、技術も進歩してきました。ところが日本の場合、競輪は確かにスポーツですが、レースの勝ち負けにおカネがかかっていて、機材の故障で勝負が左右されることは許されません。このため、基本的に丈夫な鉄を主成分とするフレームしか使われません。また、かつては競輪はその収益で自転車をはじめ日本の機械産業の発展に貢献してきましたが、競輪は今ではもう、普通の人が普通に乗る自転車や、その他日本の産業に技術面で貢献することがほとんどなく、競輪が自転車のデザインや素材面での発展に貢献することもありません。

日本では市場がいわゆるママチャリと競輪という、接続性のない分断された特異な市場をもってきたのです。

日本で楽しみを目的とした自転車市場が拡大してこなかったのは、おそらく高度成長の過程で男性が猛烈に働き、余暇を十分に楽しまず、豊かになることのイメージとしては一つにマイカーをもつことがあったためでしょう。経済産業面でも自動車産業の発展が優先され、そして狭い国土のなかで大都市圏では、自動車のために自転車は走る場所を譲らなければならず、楽しんで自転車に乗る場所も限られていたからです。

楽しみのためであれば、多少でもお金をかけることをいとわないはずです。しかし、日本では自転車が、主にただ移動するための手段となったため、そうした手段はカネがかからないほうがいい、つまり安いほどいいという圧力が潜在的に強く存在していたということです。主に乗るのは主婦や子供など養われる立場の人たちでしたから、なおさらです。

1980年代初頭には、ハンドルがカマキリの前足のような形をした「カマキリハンドル」

の自転車が大流行しました。けれども、自転車の使い方には根本的な変化はなく、「カマキリ」は実用用途の軽快車の進化を促すものになったのです。

日本の自転車メーカーの種類

今は国内で完成車を作っているところが少なくなったので、区別に意味はなくなってしまいましたが、日本の普通の人々が乗る自転車を作る企業には二つのパターンがありました。一つは、「工業型」メーカーと呼ばれていて、今残っているのところではブリヂストンサイクルやパナソニックサイクルテックのような、ナショナルブランド企業で、これらは自転車の躯体にあたるフレームを自社で設計、製造して特徴のある製品を作り、自社の販売会社と特約小売店舗のネットワークを通じて自転車を売っていました。ちなみに昭和30年代、40年代には国内ブランド自転車はデパートでも売っていました。

もう一つは、「商業型」メーカーという、製造者でありながら商業タイプという不思議な呼び名の形態で、部品メーカーから部品をかき集めて、それセットにして、あるいはある程度組み立てて卸屋さん経由で小売店に流すという業態です。さきほどの工業型よりも安く製品を供給していて、1970年代には従来の工業型メーカーの影響下にある小規模な個人の小売店だけではなく、スーパー・ホームセンターの安い自転車供給のルートを切り開いていくことになります。工業型のほうが高くて品質の良い部品を使っていて、商業型のほうは安くて品質が劣る部品を使って、それでも見た目は似たような自転車を作っていました。町の自転車屋さんに行くと両方のタイプの自転車が並んでいました。

自転車メーカーには中小企業が多く、自転車は多くの企業による分業によって完成する製品で、また自動車産業と異なって、部品メーカーの独立性が高く、完成車メーカーと部品メーカーとの間には基本的に下請け系列関係はなく、自転車産業は、独立性の高い企業間関係を特徴としていました。

1980年代からの劇的環境変化

さて、1980年代以降、日本の自転車産業には劇的な変化が生じます。

(1)商業型の安い自転車もよい部品

日本は、為替の変動で浮き沈みはしてきましたが、それまで自転車の輸出国でした。そして完成車だけでなく部品も輸出産業だったのです。１９３７年に機械輸出のトップが完成車と部品だったことはすでに紹介しましたが、戦後も輸出産業として発展し、１９７２年には生産台数の２割以上の１５０万台を輸出しています。**（図1−3・次頁）**

ところが為替の変動によって、輸出していた部品が輸出できなくなり余ってくると、今まで「工業型」の良い自転車にしか使われていなかった部品が、「商業型」の安い自転車にも使われるようになってきました。このことは、自転車は少しでも安いほうがいいと思う多くの消費者が、スーパーやホームセンターで、この商業型のメーカーが作った自転車を買う方向性を加速することになります。

(2)マウンテンバイクが市場を変えた——技術の変化

また、１９７０年代にアメリカでマウンテンバイクが生まれ、これが80年代に世界的大ヒット商品となって世界の自転車市場を変えました。それによって自転車の作り方も変わっ

図1-3　自転車国内供給、輸出入台数と構成

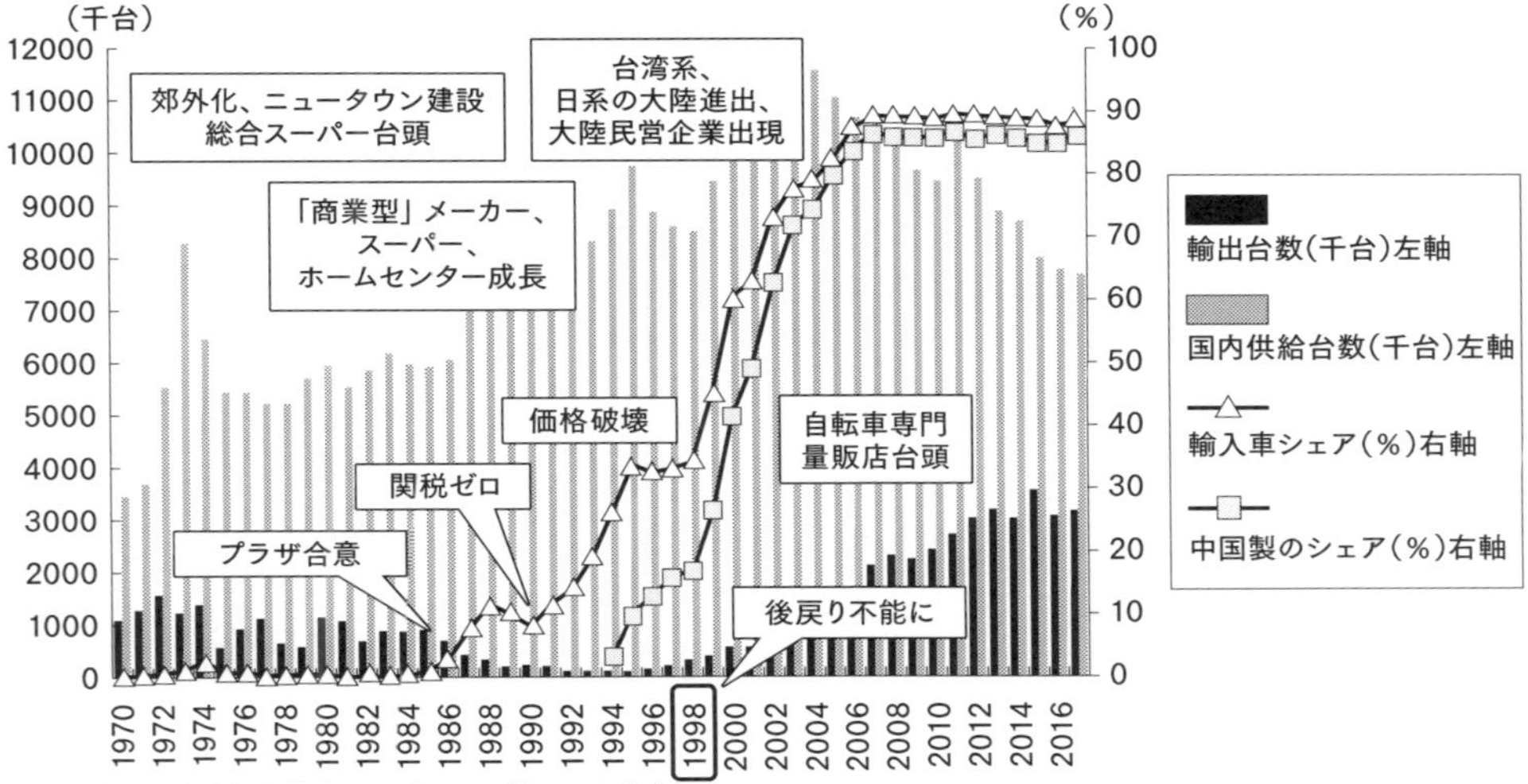

出所：自転車産業振興協会ウェブサイト他により作成。

てきました。フレームとハンドル部分などをつなぐとき、それまではラグという接合部品を使って、さらに継ぎ目を美しく溶接する技術が大事でした。スポーツ車でも一般車でもそうでした。

ところがマウンテンバイクの登場以後、それまでであれば汚いと思われたような蚯蚓腫れのような溶接跡が受け入れられ、接合部品を使わず溶接するやり方が台頭して、より安く溶接する方法が普及していきます。これは接合部品を使って溶接の美しさを競うよりも、技術的にも簡単でした。これが、自転車生産が後に中国大陸に移る一つの背景にあります。

ところが、日本の業界は接合部品を使った溶接技術にこだわり、世界の潮流から遅れて、国内市場にこもってしまうようになります。ですが、私たちが普段乗るママチャリでも、接合部品なしで溶接によって安く作る技術が普及すると、これも接合部品なしで安く簡単に溶接する方法を使って中国で生産されるようになるのです。

⑶プラザ合意、国内市場回帰へ

そして決定打が三段跳びで訪れます。まずホップです。1985年9月のプラザ合意を契機とする急激な円高は、これまでの為替の浮き沈みをはるかにこえるものでした。安ければ安いほどいい性質の日本の自転車市場への対応として、一部のスーパー——最初はダイエー——が、欧米、日本に続く自転車産地となった台湾から自転車を輸入して売ろうと試みます。こうして日本国内で部品から完結的に自転車を生産して国内市場に供給し、さらに部品や完成車の輸出まで行ってきた日本の自転車産業に大きな転機が訪れます。

ただ、この段階ではまだ日本国内の自転車生産は元気でした。輸出にチャレンジしていたメーカーが、先ほど言いましたように、一つには、鉄素材で接合部品を使った自転車主体から、マウンテンバイクのような接合部品を使わず溶接する技術的潮流についていかなかったこと、そして結局、日本の国内市場が大きかったので、為替の変化に対応しながら海外市場で頑張る必要がなかったということから、一部の部品メーカーを除いて国内市場に帰ってきます。国内市場の大きさということが、産業の発展に重要な意味を持つことは、日本や中国の経済を考えるうえで不可欠な視点です。

例えば、さまざまな面での日本のガラパゴス的な遅れ方というのは、ここに見るように、日本の国内市場の大きさに起因することが多いのです。

次のステップは、１９９０年に自転車の輸入関税がゼロに引き下げられたことです。自転車は日本にとって守るべき産業ではなかったということですけれども、自転車を見ていてわかることの一つは、政策で何もせず成り行きに任せると、産業はどう変わっていくのかということもありそうです。

さらなる決定打、三段跳びの三段階目、ジャンプは中国の社会主義市場経済と日本のバブル崩壊とが重なったことでした。

3．中国の自転車産業

ではここで中国に目を移してみましょう。まずは１９８０年代までです。

中国の自転車産業史①——１９８０年代まで

中国は１９５０年代から70年代までの計画経済期に機械金属産業の形成に一定程度成功

し、自転車を部品から全て生産することができていました。実は中国大陸の自転車産業というのは、民国期に、日本の元軍人の営む企業が設立した工場を起源としています。工場は北から遼寧省の瀋陽、天津そして上海にありました。その工場を日本の敗戦後にまず国民党が接収し、さらにその後内戦に勝利した共産党が接収し、計画経済期の自転車生産のタネとして活用したのでした。瀋陽の工場は90年代につぶれてしまいましたが、天津のフライングピジョン（飛鴿）、上海のフェニックス（鳳凰）、フォーエバー（永久）ブランドの工場の元がこれらです。

計画経済期は軍事工業と自立した国民経済形成のため、重工業に重点が置かれていたので、軽工業に区分される自転車の生産は制限され、国民は配給切符に加え、何カ月分かの給料に相当するお金を払ってやっと自転車が買えるという状況でした。計画経済時代には自転車を含む軽工業品の生産は抑制され、国の安全保障に関わる重工業の生産が拡大しました。それでも中国は人口規模が大きいですから、１９７０年代末の時点でアメリカと並ぶ自転車生産大国になっていました。

１９７０年代末からは改革開放が始まりましたが、まず経済改革で、人々の所得が高まると自転車の需要が急激に拡大しました。また自主権をもった地方政府は財政収入拡大のため利幅の大きい自転車の工場を好んで設立しました。実際には地方政府が設立した国有の自転車工場の多くは後に競争の中でつぶれてしまいましたが、一部は生き残り、制度改革で民間企業となって今も続いています。国有企業の人材は、後に民間企業の設立や発展に貢献しました。

さらに対外開放では、1984年から輸出向け自転車メーカーが南方に設立されるなど、自転車が外貨獲得の手段として注目され始めました。まさに自転車産業は計画経済の下での重工業優先からの転換の象徴といえます。

ただし、1980年代の段階では、まだ中国大陸の自転車産業の多くは、世界の先進国の自転車市場とは無縁でした。なぜかというと、対外開放、市場経済化がまた初期段階にあり、中国は工業製品に関して、まだ外国資本の技術指導がなければ、あるいは外国資本が中国で生産しなければ、先進国で売れる製品ができなかったからです。

中国の自転車産業史②——両岸内戦終結と社会主義市場経済

この状況が変わるのは1980年代末から90年代初頭にかけてです。1991年まで大陸と台湾とは建前上、内戦状態にありましたが、両岸関係が緩和して、当時すでにアメリカ向けの自転車工場になっていた台湾の自転車メーカーの大陸進出が可能になったのです。台湾では1980年代半ばには人手不足、賃金上昇に為替の上昇が加わって台湾域内で工業製品を生産して輸出するには苦しくなっていました。70年代から対米輸出向けの自転車産業が形成された自転車も同じで、言語の壁が低く大量の安い労働力がいる大陸に工場を建てたくて仕方がありませんでしたが、1991年に台湾側が内戦終結を宣言して、台湾資本の大陸展開が可能になりました。大陸側は1989年の天安門事件で西側から制裁を受け、経済が冷え込んでいましたから、台湾資本の進出は大歓迎でした。

1992年の鄧小平の南巡講話を契機とする改革開放再加速、社会主義市場経済の下での制度改革推進により、外資の進出が加速し、民間企業の創業、参入規制が緩和され、輸出が拡大しましたが、台湾資本の大陸展開は間違いなく、外国資本の大陸展開にシグナルを送りました。自転車産業に関しては、台湾の完成車、部品メーカーが進出することで、安いだけでなく先進国の市場に耐える自転車が大陸で作れるようになりましたし、台湾企業の進出を追うように、日本メーカーも進出しました。そして大陸民間企業の形成は、その後の輸出向け製造受託の担い手を準備することになりました。

そして社会主義市場経済が始まった頃から、中国大陸の自転車市場では従来の郵便配達・新聞配達用のような堅牢な自転車、実用車ではなく、もっと手軽に乗れ、おシャレな軽快車、つまり日本と同じようなママチャリタイプの自転車の需要が高まり、中国国内市場向けの自転車も日本と似たようなものに変わっていったのです。

さきほどお話しした溶接技術の変化に加え、日本と中国とで同じような自転車が需要されるようになり、台湾資本が先駆けとなって進出し、一部の日本メーカーも大陸に進出したことで、さあ、これで中国から日本への輸出準備は整いました。

4．平成長期不況と日中経済融合

それでは日本に戻ってきましょう。

平成長期不況下での「価格破壊」

日本では1990年代初頭のバブル崩壊後、長期不況に入ります。そして「価格破壊」なる言葉が生まれました。日本の自転車市場の性格はすでにお話しした通りですから、「安く安く」という圧力がかかります。安い自転車という点では商業型メーカーが国内で作り、スーパーやホームセンターで販売するルートはそれを得意としていました。ですから安売りになっても国内生産は安泰のはず、でした。しかし、1980年代半ばに一部台湾から完成車を輸入するスーパーなどが現れ、さらに中国大陸で日本向け供給の準備が整うと、一挙に日本から自転車生産能力が失われ始めます。

実はこれは「安く安く」という圧力の下で、一部の商業型メーカー自身、つまり日本企業自身が生き残りをかけて進めたものでした。先に見た**図1－3**では1994年頃に中国製のグラフが始まっています。中国に完成車組み立て工場を設立し、先に待ち構えていた、あるいはほぼ同時に進出した台湾系、日系メーカーの部品を使いながら、日本の市場に耐える製品を中国大陸で安く調達し始めたのです。この先鞭をつけたのは大阪・堺のサイモト自転車でした。

自転車というのは、極端に言えば、部品さえきちんとしたものを選択すれば、あとは組み立てのノウハウの勝負になります。台湾の有力な完成車メーカーがいくつも中国大陸に進出し、次いで日本の完成車メーカーもより安く生産するために、一部が中国大陸に進出して自転車を作り始めると、さらに台湾や日本などの部品メーカーも中国大陸に出ていき、そうこうしているうちに、中国大陸に自転車生産に必要な部品、しかも先進国に輸出できるレベルの部品が揃ってきてしまいました。

中国民間メーカーのレベルアップ

次に何が起こったでしょうか？

次は、日本で安い自転車を作ってきた商業型のメーカーが、中国の民間メーカーを指導して日本に供給するように頑張ったのです。さらにこれと並行して、日本ではスーパーやホームセンターではなく、自転車を小売店に卸してきた卸屋さんや、自転車小売店で専門店として大型化してきた専門量販店の一部が、中国の民間メーカーを指導して作らせた自転車を仕入れるようになってきました。

この動きが1990年代半ばから2000年代前半に急激に展開されたのです。平成不況のなかで、日本の自転車供給者たちが、市場のニーズにこたえようとすればするほど、日本国内の生産は縮小し、中国からの調達が増えるということになりました。以前は輸入自転車といえばスポーツタイプが主だったのが、いわゆるママチャリ型の輸入が多くなっていきました。

そうはいっても中国の完成車の生産の全体のレベルがすぐに上がったわけではありません。関係者にお話をうかがってみると、1998年が一つの転換点であったといいます。それまで業界では「中国調達？　まだまだ国産の品質には追い付かないよ」と認識していたようです。ところが、1998年に上海で開催された展示会に参加した業界関係者は、

写真1－1

中国で組み立てられる自転車の水準が、前年までと違って、少し調整するだけですぐ日本にもってこられるところまで来ていることに仰天したといいます。

これは、日本の業者が中国大陸の民間メーカーを指導して鍛えてしまい、そして中国の民間メーカーが輸出向けに努力して技術やノウハウを吸収した結果です。実際、**図1－3**に見るように、1998年を境に中国からの調達比率は急上昇していくことになりました。この年を境に、日本の自転車産業の空洞化は決定的となったのです。**写真1－1**は日本企業の指導で水準を高めた民間メーカーで生産された日本向け完成車です。

また、輸入単価は、中国から自転車が入り始める直前には1万円を超えていましたが、中国からの輸入が始まると1万円を切ることが恒常化しました（**図1－4**）。転換点となった1998年以降、輸入単価は急激に低下して、2004年にはついに6000円まで下がりました。冒頭お話しした、私が自転車に関心をもった時期がちょうどこの頃です。

単価の推移については車種構成を考慮に入れる必要はあるものの、国産単価と輸入単価との大きな差異が、国内生産の基盤をいっそう掘り崩す要因になってきたことが読み取れます。なお、2000年代半ばから国内単価が急上昇を始めるのは、普及し始めた電動アシスト自転車が主に国内で生産されてきたことによります。

為替の変化はビジネスにとって重要です。1円の変化が損益に甚大な影響を与えます。しかし、**図1－5**（次頁）に見るように1990年代末から2000年代前半は、その前後の時期よりは相対的に変動が小さい時期でしたが、その間に輸入単価が急激に低下したのです。**図1－6**（37頁）では再び自転車の値段を大卒初任給との比較で表していますが、高度成長期に給料の3分の1もした自転車は20分の1もしない値段で買えるようになりま

図1-4　国内市場向け平均単価の推移

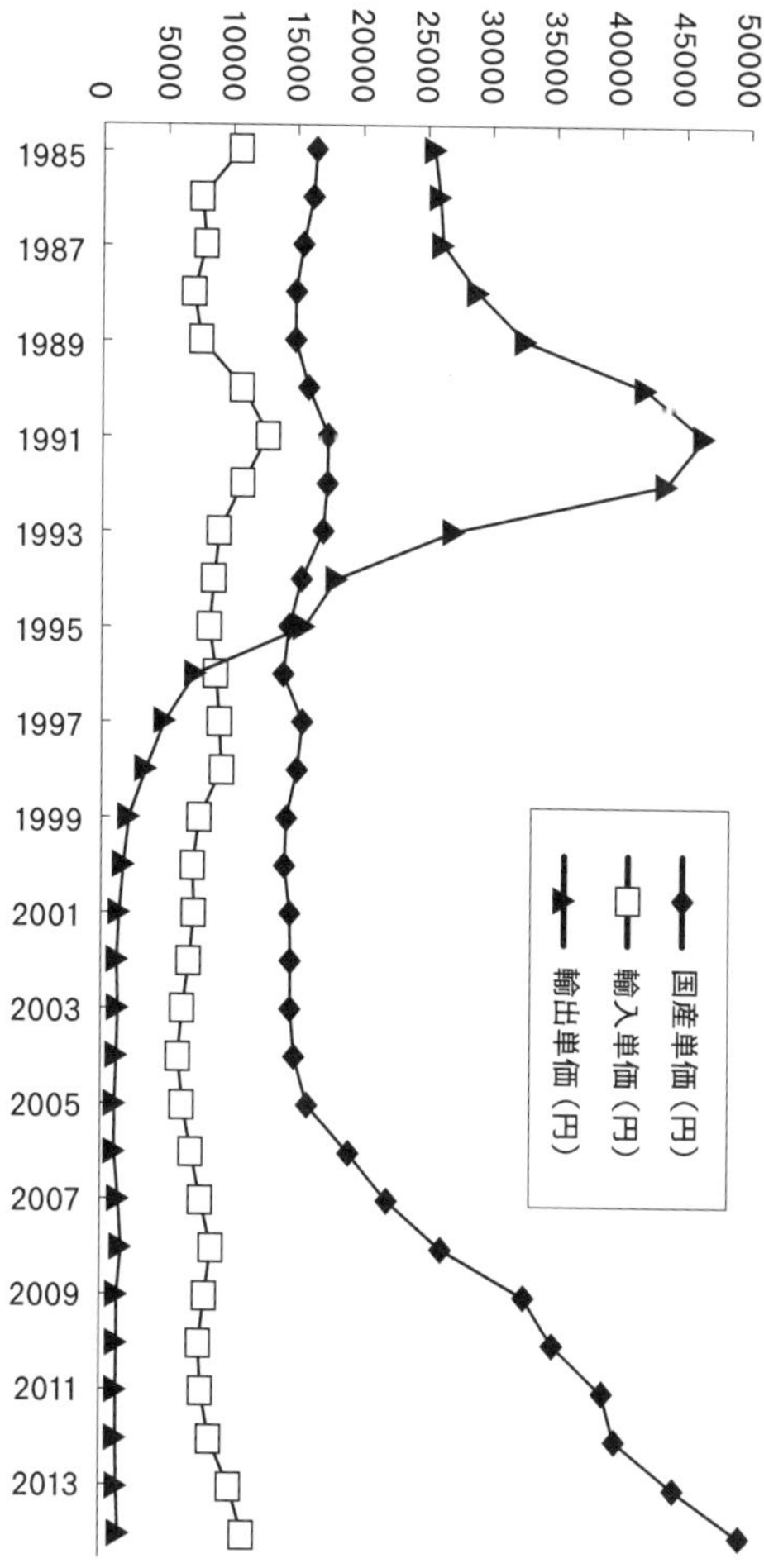

注：国産価格は工場出荷価格、輸出入単価は通関価格。
出所：自転車産業振興協会ウェブサイト

図1-5　為替レートの推移

(円／ドル)

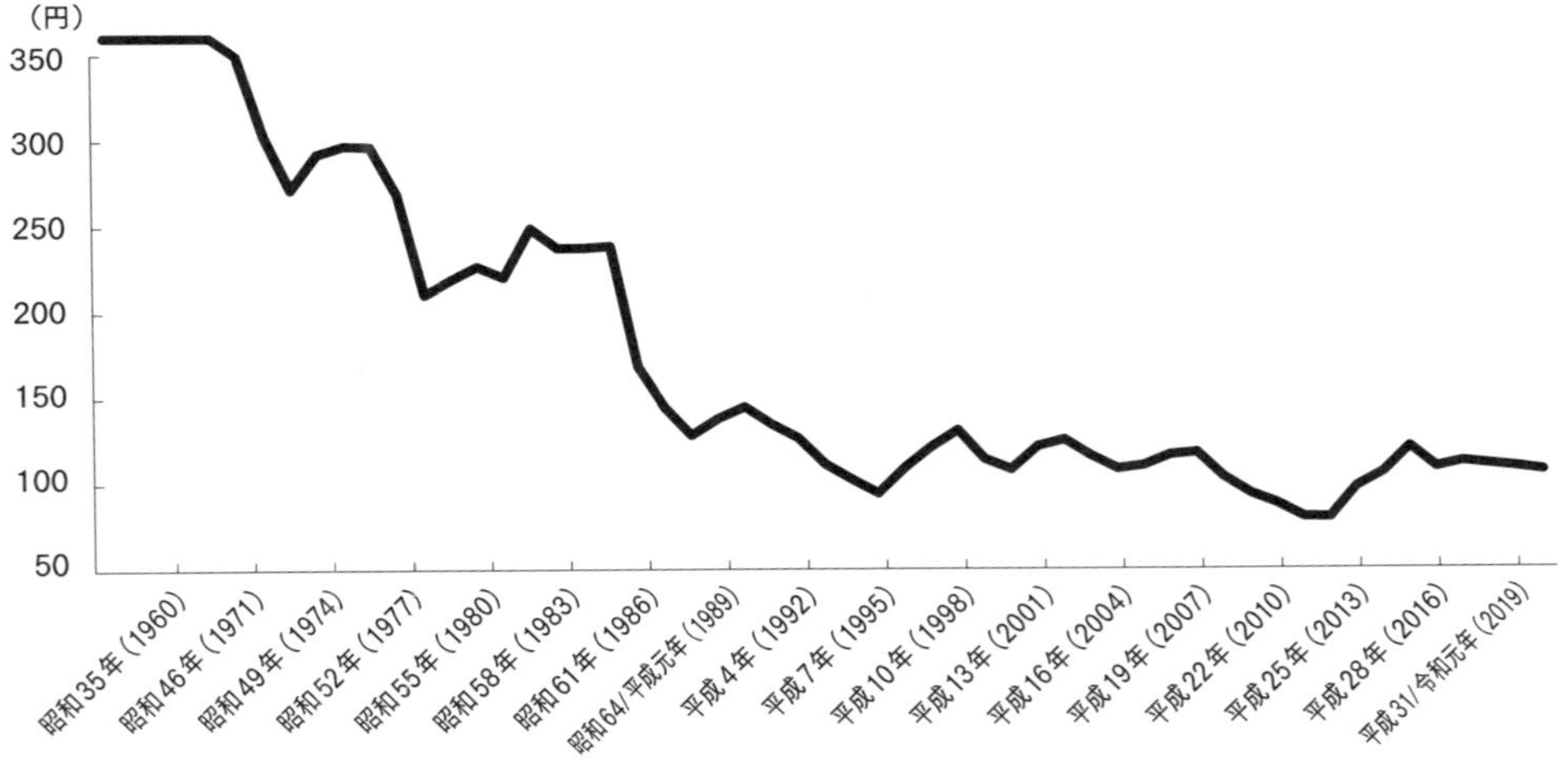

出所：IMFウェブサイト

図1-6　大卒男子初任給＝100とした場合の自転車国内供給価格の推移（続）

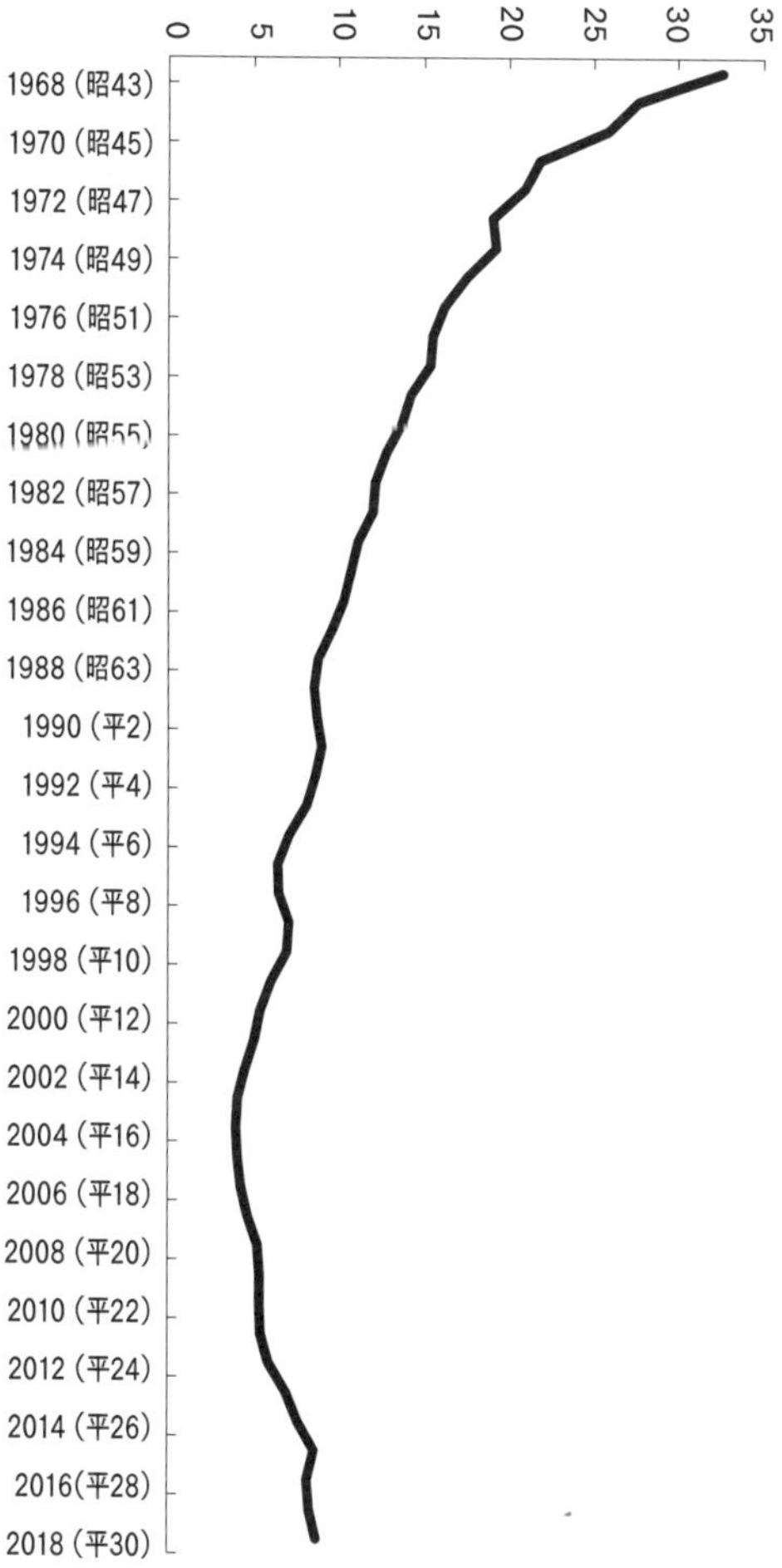

出所：厚生労働省賃金構造基本統計調査、森永卓郎（2008）『物価の文化史事典』展望社、自転車産業振興協会統計等により作成。

した。

以前は自転車といえば雨が降れば拭き、油をさしたり自分で空気を入れたり、大事に扱ったものでした。ですが、値段が下がって、もっぱら移動用に使われるママチャリの類の自転車は使い捨てになって、安い分たくさん売れたものの、放置自転車が社会問題となり地方自治体にとっての自転車政策の最優先課題になってしまいました。

なお、**図1－3**では2000年前後から輸出が再び伸びているように見えますが、これは使い捨てられた中国製の中古自転車が格安で輸出されているもので、日本製ではありません。国内供給単価の推移を示した**図1－4**からも、「輸出」の内容の変化が伺えます。

日本国内の「産業空洞化」、中国依存の構造化

さて、この過程で日本国内での生産にこだわったり、中国からのまともな調達ルートを開拓できなかったりした商業型のメーカーは姿を消すことになりました。そして、日本の自転車市場では、以前は作り手が主導権を握り、流通に対する影響力をもっていましたが、1990年代半ばから2000年代半ばまでの10年間で業界の力関係はすっかり変わり、

例えばサイクルベースあさひに代表される、中国からの調達と国内流通に力をもつ企業群が業界の主導権を握るようになったのです。あさひは自転車業界のユニクロ的存在で、企画開発と販売に特化した企業です。

図1－3に戻ってみますと、この10年で日本国内供給に占める輸入比率は、3割余りから85％程度へと高まって、その後の為替の変動に関わりなく、中国製比率は80数パーセントで変わりありません。要するに、日本国内には自転車を作る基盤がなくなってしまったからです。**図1－7**（次頁）を見ていただきましょう。完成車を安く外から、中国から仕入れようとすればするほど、日本国内で作る部品は必要なくなります。90年代半ばからの10年間で、部品の国内生産が急激に縮小していき、自転車の産業空洞化が進んだのです。

ただし、産業空洞化といっても全く空っぽになったわけではありません。また日本企業が淘汰されてしまったわけでもありません。変速機やブレーキ、コンポーネントの専門メーカー（シマノ）や反射板メーカー（キャットアイ）などは日本の拠点を維持し、グローバル展開する業界のフロントランナーですし、軽快車向けブレーキの老舗メーカー（唐沢製作所）は、国内生産の縮小の一方で、中国進出により新たなチャンスをつかみました（こ

図1-7　部品国内生産数量の変化

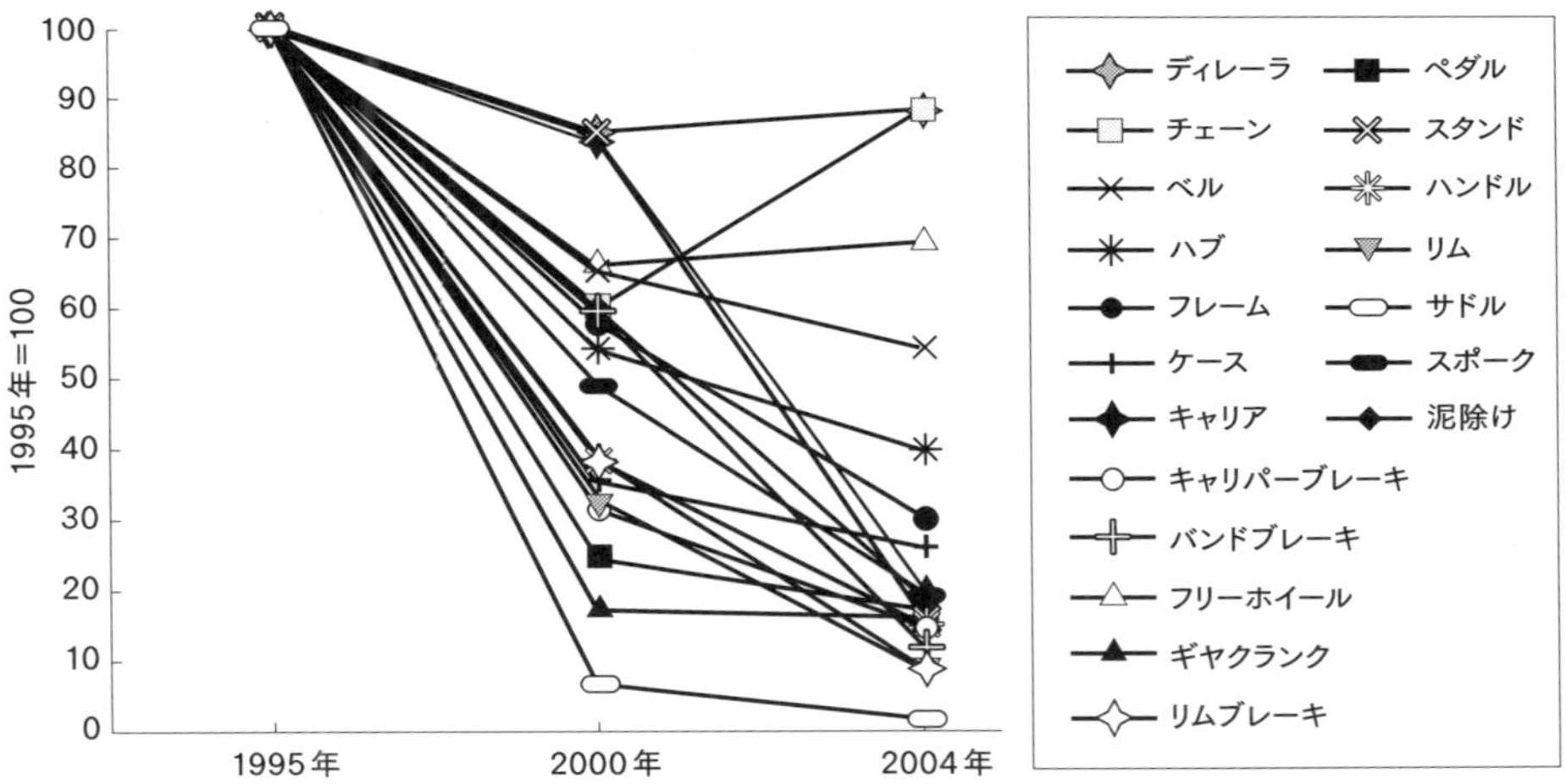

出所：自転車協会『自転車工業の概観』各年版により作成。

れは次章でお話しします)。またスポーツ車向けのハンドルやペダルのメーカーには、国内生産のみでグローバル供給しているところもあります(日東や三ヶ島製作所)。

とはいえ、この10年で、趣味的に乗るスポーツ車を除けば、日本国内で国産部品だけで自転車を作ること、より正確にいえば量産することは不可能になったのです。

ちょうど中国大陸からの輸入が始まった頃、日本では世界初の電動アシスト自転車が開発され、販売されるようになりました。ペダルを踏みこんでいる間だけモーターが作動して走行を助けてくれ、スピードが上がるにつれモーターの補助は低減し、時速24㎞に達するとモーターが切れるという、これまたガラパゴス規格で、現在日本国内で生産される自転車の台数の7割は電動アシストで金額ベースでは9割近くを占めます。その国産を謳っている電動アシスト自転車さえも、実は日本製部品だけでは作れていません。自転車の組立生産・供給の中国依存が構造化しました。さきほども言いましたように、日本の国内市場が縮小する中でも中国輸入比率は変わらないということは、このことを示しています。

5.「世界の自転車工場」中国

中国依存の構造化というのは、日本だけの問題ではありません。

図1－8を見てください。1997年から2005年にかけての変化はトレンドとして理解できるので、二時点だけを示しますが、この期間に世界の主要産地の構成は激変しました。1970年代まではアメリカと中国が世界の二大産地でしたが、中国は世界市場とはつながっていませんでした。

その後台湾が対米輸出で台頭し、1980年代に中国が世界市場とつながり、90年代にすでにお話ししたような変化があり、90年代後半になると、アメリカは輸入に依存し始めましたが、なお国内生産が一定程度ありました。しかし90年代半ばから2000年代前半までの間に、台湾も輸出を減らし、アメリカは国内生産がほぼ皆無に、日本も輸入依存に転落して世界の生産が中国に集中しました。ヨーロッパが域内生産や輸出を維持しているのは、一つにはアンチダンピング課税で中国大陸製をブロックしているからです。

図1-8　主要市場・産地の需給状況（1997年・2005年）

（単位：100万台）

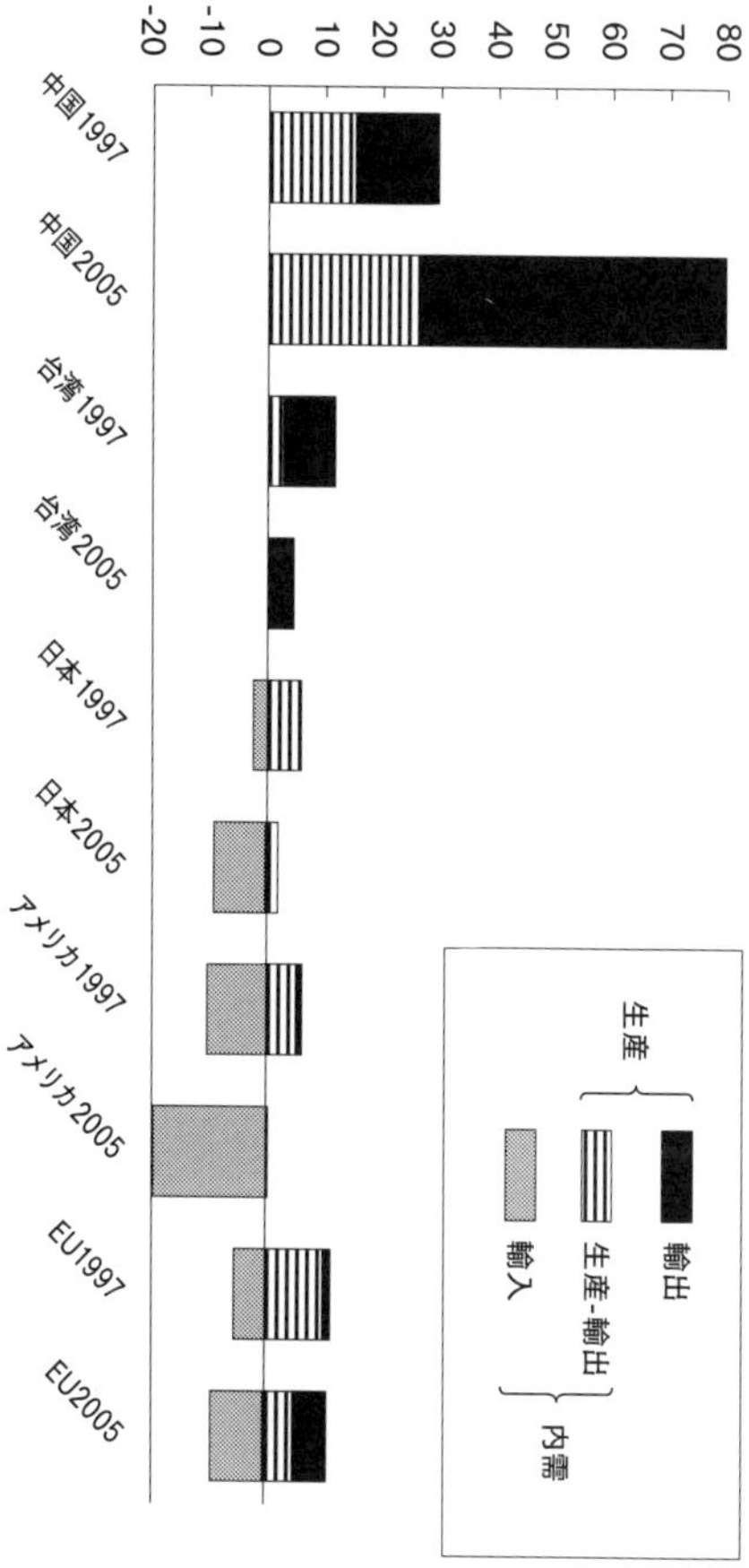

出所：*CHINA BICYCLE YEARBOOK*により作成。

この10年ほどの間で中国は「世界の自転車工場」になり、それが繰り返しお話ししているように構造化しました。少し古い数字になりますが、図1－9に示すように、中国は世界の自転車生産の70％を占めてきたと推察されます。世界最大の完成車メーカーは、中国の天津にある民間メーカーで、1社で日本の年間需要量の3倍の2000万台も生産しています。

そして部品が揃う集積効果、1990年代以降の外国・台湾資本の進出、民間企業の勃興、社会主義市場経済、WTO加盟を通じた環境整備により、中国が「世

図1-9　世界主要地域生産台数構成（2011年）

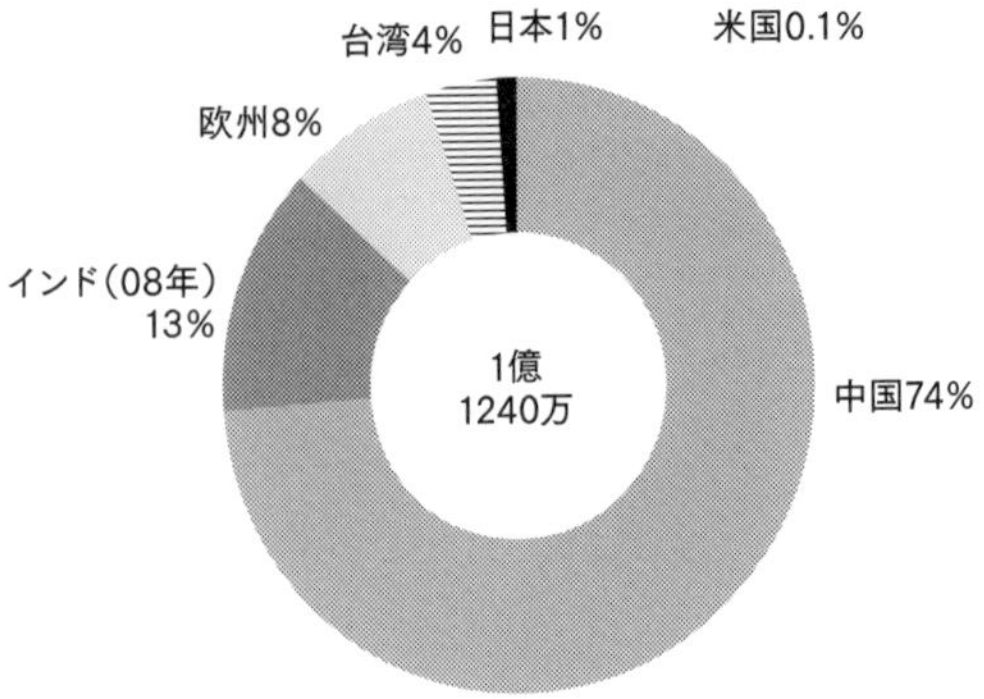

出所：『自転車統計要覧』（第49版、2015年）により作成。

界の自転車工場」であるという状態は構造化してしまいました。

中国大陸では人件費が高騰し、自転車産業には人が集まりにくくなっていることも事実です。中国大陸では1980年代半ばに深圳に輸出拠点が築かれ、90年代前半には上海とその周辺地域もまた輸出拠点となりました。しかし、その他の、より付加価値の高い産業の発展で、自転車生産は中国の海沿いを北上して、現在では天津が中心になっています。日本向けも一般車はほとんど天津からです。

経済成長に伴う人件費上昇のため、このところ一部の生産が東南アジアに移転しはじめています。それでも中国は、しばらくは世界の自転車工場であり続ける可能性があります。人件費が上がったら中国から生産がすぐに移転するかというと、そうではなく、主要な中国メーカーは、これまでに儲けた資金を使って工程の一部を自動化し、さらに原材料の素材の加工も自前で行うなど、大規模生産のメリットを追求するように、自転車の作り方を変えてしまってきています。そうすると、ある部分は、他の国がもはやマネできないようになってきてしまいました。

中国は、1990年代の社会主義市場経済化、2001年のWTO加盟を経て、世界の工場になりましたが、それが、ただ人件費が上がったから、あるいは政治リスクがあるからといって、簡単に変更できるものではなくなってしまっていることが、例えば自転車をみていてわかるのです。

6．お話ししたこととその含意

それでは最後に第一章の話をまとめ、それが意味することについて少し補足しておきましょう。

「空洞化」の背景と内実

部品から国産で賄い、国内需要に対応するにとどまらず輸出産業でもあった日本の自転車産業は、プラザ合意、平成不況を経て、生産が海外に移転して輸入に80数%を依存するようになり、生産が主役の産業から販売が主役の産業に大きく変化しました。

自転車の普及は生活形態の変化、所得水準の向上がその背景にあります。自転車が輸入依存に転じてしまったことに、為替の変動が関わっているのはもちろんのことです。しかし、日本の生活形態の事情からその用途が運搬・移動に特化し、単なる運搬・移動手段だから安いほどいいという市場の性質が、この方向を加速したのです。

プラザ合意、平成不況を経て日本の国内完結的な構造は解体してしまい、国産部品だけで自転車を組むことは不可能になってしまいました。もう元には戻せません。ただ、これが全くの空洞化、自転車産業が空っぽになってしまったことを意味するものではないことは強調しておかなければなりません。

考えようによっては、東京で作り東京で売っていた状態が、地方で作り東京で売るという状況に変化したのと同じで、東京と地方という構図を日本と中国に置き換えただけというこどもできます。つまり、生産地と販売場所とが分離した、あるいは分業が国境を越えて広域化しただけで、産業としては発展しているのだと考えることもできるわけです。また、個別の企業としては、グローバル展開をしながら、あるいはまた国内生産にこだわることで国際的に競争力をもつ企業も存在しています。

ただ、それらは部品メーカーばかりで、完成車メーカーはなまじ国内市場が大きいもので、国内市場に引きこもってしまいました。こうした完成車メーカーの経営姿勢も、日本固有の市場構造が続いた理由にあります。

以上が「空洞化」なるものの背景と内実です。

中国集中の構造化

そして世界の自転車生産は、1990年代後半から2000年代前半の間に全体として拡大しながら中国に集中し、中国は世界の自転車工場になりました。その中で、日本から中国への生産移転は、長期平成不況による日本から生産を押し出すベクトルと、中国の社会主義市場経済化での外資吸収、民間企業勃興による生産能力の向上という、吸引のベクトルとが重なった結果だといえます。

中国は改革開放・社会主義市場経済化で国内需要も大きく拡大しました。巨大な内需と外需・輸出に対応する産地として、あらゆるレベルの部品が必要なだけ揃い、さまざまな自転車を作れる巨大な産業集積を形成しました。1990年代後半から2000年代前半の間にこのような状況が形成された結果、多少の為替の変動があっても、中国の世界の自転車工場としてのポジションは揺るぎにくくなりました。さらに有力メーカーが他国では考えられない大規模生産化することで、労働集約的組立産業とされてきた自転車産業の性格を変えてしまったのです。これが中国集中の構造化ということの意味です。このような状況は他の産業でも考えられます。

ですから、世界の自転車生産が欧米から日本、台湾を経て中国大陸に移ってきたこの過程における、中国への移転は単なる産業のキャッチアップではない意味をもっているのです。

となると、日本にとっては、少なくとも当面、特に価格が合理的な量産の自転車について、調達面での脱中国は困難だということになります。今般のコロナで供給網が断裂し、2020年は一番自転車が売れるはずの春先の季節に売り時を逃す、機会損失が一部で生まれました。それでも国内生産に戻し、国産部品で量産することはもはや不可能です。また中国に代わる場所を見つけるのも難しいのが現状です。できることは、どうやら中国で安定調達のためのパートナーを確保することしかなさそうです。

中国集中のリスク

しかし、今回のコロナのような突発性の出来事を別にしても、例えば米中対立や領土問題のような国際関係に起因する経済へのインパクトの可能性は高まっているように思います。一局集中、ないし極度の依存状態のリスクは高まっているのです。

また、自転車の中国生産それ自体も実は安泰ではありません。例えば中国国内で環境規制が厳しくなり、自転車生産には必要ですが、廃液の処理が問題になるメッキを締め出す動きがあり、自転車業界には望ましくない経営環境になりつつあります。また、こうした規制が、自転車業界に対して厳しくなっているのは、中国の自転車業界が民間企業で構成されているからで、ここに中国の体制的な問題が見え隠れしているという指摘もあります。つまり、中国に依存することで中国固有の国内政策の影響もかぶることになるわけです。

経済面での中国依存が時間をかけて不可逆的に進展し構造化してしまい、ある種のリスクは高まっているといえます。しかしこの構造を変えるには非常に高いコストがかかります。「自転車に乗って」という表現でみてきましたが、より大上段に構えると、日本の自転車産業が辿ってきた経過、直面している問題は、日本経済が辿ってきた経過、今直面している問題でもあると思えます。

それでは第一章はこれで終わります。次章は、「産業発展をめぐる日中の差異——『電動アシスト自転車』と『電動自転車』」というタイトルで、電動モーター付き自転車のあり方から日中の産業発展をめぐる違いについて議論したいと思います。

１本書はこれまで著者が発表してきた以下の文章に主にもとづいている。
・「新型コロナ下の自転車産業―生産・販売・利用の動向―」『「自転車産業ビジョン」調査研究事業２０２０年度報告書』２０２１年３月、一般財団法人自転車産業振興協会
・「コロナショックのウラで「中国のある産業」が大復活を遂げていた！「シェアバブル崩壊」とその後」現代ビジネス２０２０年11月30日
・「所有から利用へ（１）―日本におけるシェア自転車の展開―」『「自転車産業ビジョン」調査研究事業２０１９年度報告書』２０２０年３月、一般財団法人自転車産業振興協会
・「所有から利用へ（２）―シェア自転車の中国的展開―」『「自転車産業ビジョン」調査研究事業２０１９年度報告書』２０２０年３月、一般財団法人自転車産業振興協会
・「中国・シェア自転車の『ジェットコースター的』展開―変わる競争の方向と当面の展望」『日中経協ジャーナル』№３１４、２０２０年３月号
・「シェアリングエコノミーの中国的展開―シェア自転車の爆発的普及が示すこと」『日中経協ジャーナル』№２９３、２０１８年６月号
・「創業１００年に向けての事業展開―『がんばる中小企業・小規模事業者３００社』選定企業の事例」『商工金融』２０１７年10月号
・「中国で急成長！利益率50％を誇る激アツ産業「シェアサイクル」とは若手起業家が牽引する１兆６千億円市場」現代ビジネス２０１７年１月19日
・「中国巨大市場でシェア４割！〝自転車〟産業で成功した日系企業、その驚くべき『先行戦略』

～利益と文化を創出した台湾メーカーにも注目」現代ビジネス２０１６年７月６日
・「低速電気自動車の発展をどう見るか？―中国における巨大な実証実験の行方」『東亜』№.５７２、２０１５年２月号
・「『ＥＶ先進国』となった中国―市場に従う発展とその課題」『東亜』№.５３１、２０１１年９月号
・『中国の自転車産業―「改革・開放」と産業発展』慶應義塾大学出版会、２０１１年７月
・『日本中小企業研究の到達点―下請制、社会的分業構造、産業集積、東アジア化―』（共編）同友館　２０１０年７月30日
・『東アジアものづくりのダイナミクス』（編著）明徳出版社、２０１０年３月
・『東アジア自転車産業論―日中台における産業発展と分業の再編』（共編）慶應義塾大学出版社、２００９年12月
・『移行期中国の中小企業論』税務経理協会、２００５年７月
・「中国における産業発展と体制移行―天津・自転車産業の事例―」専修大学オープンリサーチ事業第１グループ中国Ａ２００４年度夏季調査実施報告
2　謝思全教授が執筆された「制度創新與産業進歩―天津自行車産業国退民進的案例研究―」（『天津体改研究』２００３年第４期）
3　日本の老舗ブレーキメーカー唐沢製作所の中国工場が製造したブレーキを使用していた。
4　完成車生産額＋部品輸出額＋完成車輸入額で２５４３億円（２０１９年）。

第二章　産業発展をめぐる日中の差異
――「電動アシスト自転車」と「電動自転車」

1．はじめに

第二章では日中両国の電動モーター付自転車についてお話しします。なぜ電動モーター付の自転車のお話をするのかと言うと、現在日本では実はすでに完成車の国内生産比率が10％程度まで下がっている中で、残り少ない国内生産の7割が電動モーター付の自転車だからです。そして、中国のほうでは国内供給――輸出はほとんど普通の自転車ですが、国内で作って国内で供給する自転車――の7割以上は実は電動モーター付の自転車になっているからです。

日本の国内生産、国内市場にとって、そして中国の国内市場にとっても電動モーター付の自転車が非常に重要な役割を持っているので、この話をさせていただきます。

2. 模倣と固有の発展

内需で世界を圧倒する中国

私たちの生活の中でよく見ることになった電動モーター付の自転車は、「電動アシスト自転車」と呼ばれています。この電動アシスト自転車というのは、ペダルを踏み込むとモーターが起動して人力で走るのを助けてくれるという自転車ですが、その電動アシスト自転車は世界で初めて日本の企業が開発し、日本で定着したというものです。

中国はそれを模倣したのですが、模倣した後、中国なりの独自の発展をしていきます。中国では、アシスト機能を外してしまい、実はただの電動スクーターでありながら、それを軽車両扱いの「電動自転車」と強弁したことが生産の拡大と普及の契機となりました。

そうしたものも含めて電動モーター付の自転車を世界で見てみますと、世界の市場規模というのは２０１９年の数字ですが約３７００万台で、そのうち中国が３０００万台以上と、圧倒的な割合を占めています。以下大きく離れてヨーロッパが３００万台、日本が70万台、アメリカが30万台、その他が30万台と続きます。台数としては今ヨーロッパが非常に早いテンポで拡大していますが、中国が基本的に国内市場に依拠しながら80％以上を占めているのです。

その上で「電動アシスト自転車とは何か」ということを、**図２－１**で少しだけ確認しておきましょう。日本の場合、電動モーターとその駆動システムは、多くは足元、ペダルとつながるクランク軸のあるところについています。この足元のところでスピードを検知するセンサーと、

図2-1　電動アシスト自転車の基本的仕組み

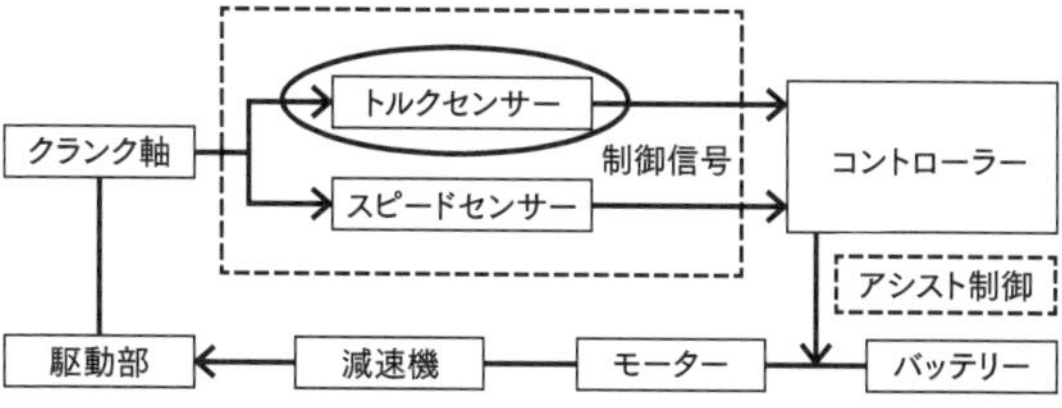

出所：インタープレス(2007)『電動「快適ライフ」』, p.51図に,
www.yamaha-mortor.jp/pas/feature/originalの情報を加え作成。

もう一つは足の踏み込みの強さ、この力を検知するトルクセンサーというものがついていて、これらの二つで検知した情報をコントローラーに伝え、そしてバッテリーから電気を取ってモーターを動かし、駆動していくという仕組みになっています。

先に申し上げておくと、中国は、このトルクセンサー——踏み込みの力を検知する機能を外してしまったのです。その理由も含めてこの後お話をしていきます。

その電動モーター付き自転車については、アシスト機能がついているか否かに関わりなく、日中両国とも結局は実用の用途に特化して普及してきた点で共通しています。先ほど数字だけ挙げましたヨーロッパのほうは、300万台のうちの3分の2はスポーツタイプに電動アシスト機能をつけたものです。それに対して日本と中国では、楽しまずに電動アシスト自転車・電動自転車に乗っているというのが共通した特徴です。

そうした共通した特徴がありますが、日本は日本の、中国は中国の、いわゆるガラパゴス的な発展を遂げてきました。

そこで、第二章では、両国の産業の発展の環境に違いがあるということも確認していきたいと思います。ですから、本書は「自転車に乗って」というタイトルを掲げてはいますが、話は自転車に限定されず、日中の産業、社会の性質の違いに関わるようなお話になります。

日中間での市場構造の差異

その前に、少し退屈な話になりますが、日本と中国との間の、電動アシスト自転車・電動自転車の市場の構造、性格について簡単に確認してから先に進みます。

中国の電動自転車の市場に比べて、日本の電動アシスト自転車の市場はゼロが2個少ないぐらい非常に小さいのですが、その小さい市場を数少ないメーカーが押さえているということで、市場が寡占的になっています。

他方中国はというと、市場が大きいだけに大規模な企業が存在していても非常に競争的です。競争的であるということは、ひたすら価格で競争していくという性格を持っているということです。なぜ

表2-1　市場の性質比較

	市場規模	市場構造	競争の方向	制度	市場の性格
日本／電動アシスト自転車	小	寡占的	品質	厳しい	ガラパゴス
中国／電動自転車	大	競争的	価格	緩い	ガラパゴス

出所：筆者作成。

中国で作られたものが安いのかを考えてみたときに、それには中国の市場の大きさ、そしてプレーヤーの多さというものが関わっているということも、この電動自転車の例から見て取ることができます。

一方日本のほうは、限られたプレーヤーが中国に比べれば小さな市場において競争していく中で、その競争は質をめぐるそれになる傾向があります。ある意味で日本の品質がいいことには、この寡占的な市場構造が関係しているかもしれません。

そして、もう一つこの先のお話として重要になってくるのが法や制度の問題です。日本の電動アシスト自転車というのは、日本の非常に厳しい法律、制度の下で生まれてきたものです。後の結論につながっていきますが、結局日本の電動アシスト自転車の技術というものは、ある意味、自転車からはみ出さない形でしか発展してきていません。

それに対して中国の「電動自転車」のほうは、中国的な——いい加減と言っては語弊がありますが——非常に緩い制度の下で融通を利かせた形で発展してきました。その結果としてほかにもさまざまな用途を持ってきたのです。

ただ、結果として一言で表現すれば、日本も、中国も非常に違う顔を持っていながら、

写真2－1

共にガラパゴス的、つまり日本は日本でしか通用しない、中国は中国でしか通用しない形で発展してきたということになります。

写真2－1は中国の「電動自転車」です。この写真で見ていただきたいのは、本当に自転車の形をしているように見えるものもあれば、オートバイにしか見えないものもあるということです。このさまざまなバリエーションが中国の中では存在していて、写真では足元のところは見にくいのですが、右から2番目のものはペダルすらついておらず、どう見てもオートバイです。ですが、これが自転車として許容されてきたのです。

3．日本の電動アシスト自転車

では次に進んで、日本の電動アシスト自転車の成り立ちから現状に至るまでのお話をします。

はじまり(1)

(1)電動アシスト前夜

日本の電動アシスト自転車には前身があり、それは実はアシストなしで始まりました。1970年代の終わり頃に、ナショナル自転車（現パナソニックサイクルテック）がアシストのない電動自転車を開発して発売しました。結局これは、いわゆる原チャリ、50ccのスクーターと同じ扱いになってしまい、運転免許とナンバープレートが必要な扱いになりました。ですから、残念ながらこれはヒットせずに、すぐに撤退することになりました（**写真2－2**）。

写真2－2

余談ですが、日本の大企業は自社だけで製品を完結することができなくて、下請の中小企業を活用します。ナショナル自転車が完成させたと言われているこの電動自転車も実は、大阪の淀川製作所という中小企業が試作品を完成させたのです。

話を戻しますが、アシストなしのものは免許、ナンバープレートが必要ということでヒットせずに、撤退するということになりました。１９８０年代になりますとオートバイメーカーのホンダもこれにチャレンジしましたが、やはり諦めることになりました。

その後、世界初の電動アシスト自転車が

登場したのは1993年です。これはオートバイメーカーであるヤマハが開発し、発売したものです。

⑵自転車業界の外からのチャレンジ

さて、ホンダあるいはヤマハといった自転車メーカーでないところが電動自転車にチャレンジしてきた背景に、原チャリ・原動機付自転車市場の急激な縮小がありました。1970年代の後半から、教育界では「三ない運動」――高校生に免許を取らせない、原動機付自転車に乗らせない、買わせない――という運動が起こりました。実際1980年代というのは、私も記憶がありますが、高校生が改造した原チャリを物すごい音をさせて走らせていたという時代でありました。ですから、そうしたこともあって高校生に原動機付自転車に乗らせないという運動が起こったのです。

さらに、それまでにすでにオートバイはヘルメットをかぶらなければならない状況になっていたのですが、1986年には、原動機付自転車、原チャリもそれが義務になりました。こうして面倒くさくなると途端に市場は縮小していきます。1980年に約200万台あった原チャリ市場は1990年に120万台余り、さらにこの後になりますが、2008年には電動アシスト自転車に台数で抜かれることになります。

こうした原動機付自転車の市場の急速な縮小に危機感を持ったヤマハは、1980年代からオートバイとは異なる仕組みを持った——要するに電動アシストですが——技術の開発に着手します。

そして、その技術開発と並行して、ヤマハは関係省庁（警察、運輸省）への交渉を始めます。その際、環境への配慮、それから安全ということを強調して関係省庁と粘り強く交渉を重ね、ついに1993年の2月に警察庁から「駆動補助機付自転車の取扱いについて」という通達が出て、電動アシスト自転車を、つまり動力がついた自転車を公道で走らせることを可能にしました。そして、その2年後の1995年10月に法律が改正されて「道路交通法施行規則」が出て、正式に電動アシスト自転車が公道を走れるようになりました。

ただ、実質的には1993年の警察庁の通達が非常に大きな意味を持ちました。

あらかじめ申し上げておきたいのは、日本の場合、このように中央の正式な決定、法律、制度ができて初めて産業が本格的に動いていくのに対し、中国はそうではなかったという

写真2－3

ことです。

日本では1993年の警察庁の通達が出てから95年の法律の改正と前後してオートバイ業界、自転車業界からの参入が相次ぐことになります。これがある種、日本の産業の在り方だということになります。なお、**写真2－3**は、ナショナル自転車がヤマハに引き続いて発表した、電動アシスト自転車の最初のプロトタイプです。

国内生産縮小の中での電動アシスト生産拡大

(1)国内生産の7割占める電動アシスト

次に、前回の話の続きにもなりますけれども、自転車産業はどのような経緯を辿ってきたのかを復習しながら、併せてそこでの電動アシスト自転車の位置づけを見ていきましょう。

日本の国内市場については、１９８０年代半ばのプラザ合意を契機に輸入が恒常化し始め、そして１９９４年頃に中国からの調達が始まり、以後国内生産の比率は急激に低下していきます。さらに１９９８年になりますと、前回お話ししましたように、もはや後戻りできない、中国から調達する状況は変えられない段階に入り、国内生産はさらに急速に縮小していきます。それが**図２―２**（次頁）に国内生産台数の折れ線で示されていきます。１９９７年に６００万台近くあった国内生産は、２０２０年の段階で90万台を切るところまで下がってきました。

こうした国内生産縮小の中で、電動アシスト自転車の生産が始まり、１９９７年に大体23万台ぐらいだったものが、着実に増えて、２０２０年の段階では60万台の生産となりま

図2-2　国内生台数の推移と構成比の変化

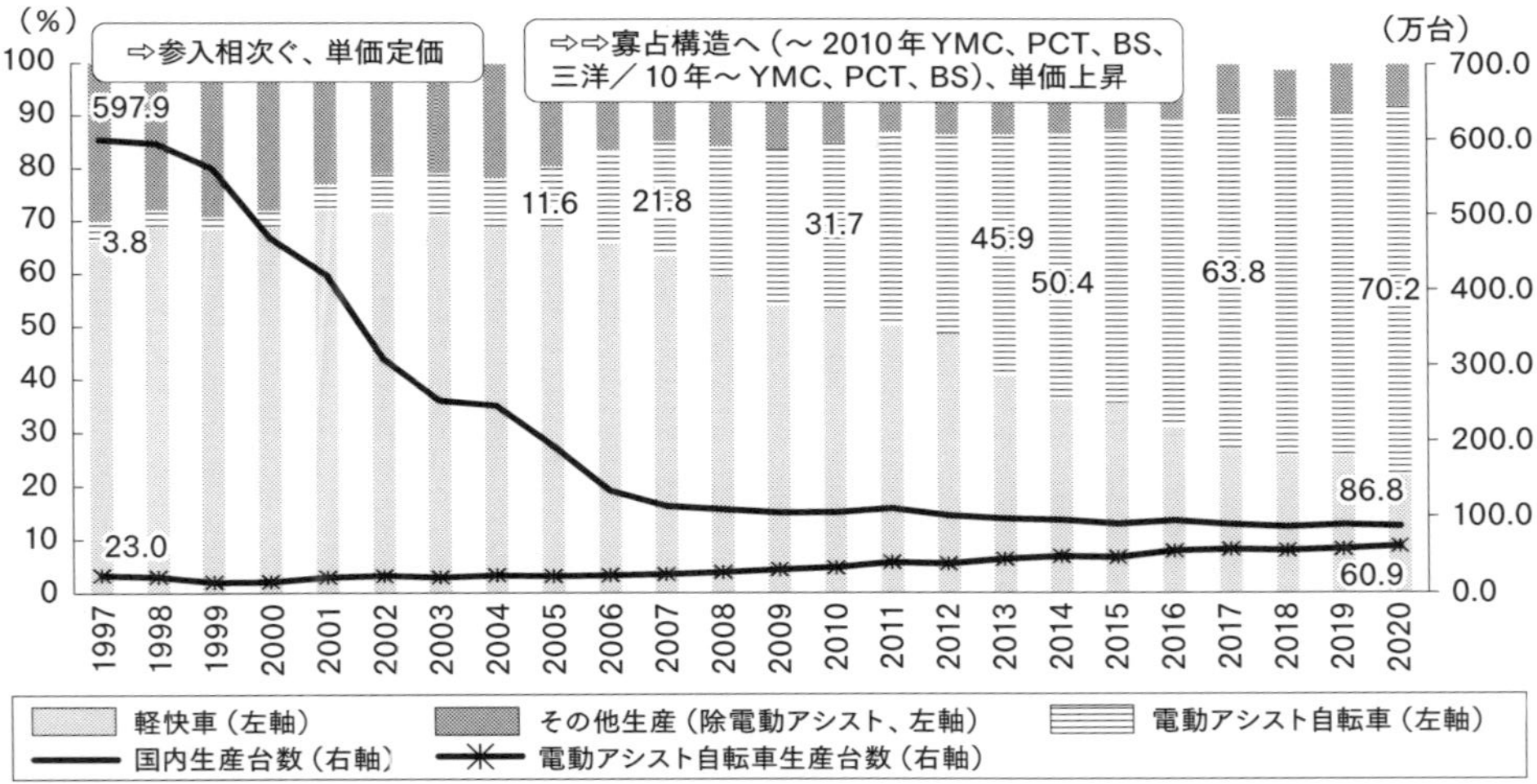

出所：自転車産業振興協会ウェブサイト統計により作成。

した。このほか10万台ぐらいの輸入がありますので日本国内は70万台の市場になっています。電動アシスト自転車市場70万台のうち60万台が国内生産ということになっており、1997年の段階で4％もなかった国内生産の中での電動アシスト自転車のシェアは、今や7割を占めるまでになっています。

⑵主要なプレーヤー

その中でどういうプレーヤーがいたのかをみてみると、1990年代前半のヤマハに始まり、現在のパナソニックサイクルテック、その他オートバイメーカー、それから自転車メーカーが参入してきました。そして、参入が増えるに従って競争になって、大体2000年代の初め頃まで単価が下がっていきます。

しかし、2000年代の半ばを過ぎてくると日本の電動アシスト自転車の生産・供給の構造は寡占化していきます。大体2010年頃までは、ヤマハ、パナソニック、ブリヂストン、三洋電機の4社の寡占という構造になり、さらに三洋がパナソニックに吸収されましたので、2010年以降はヤマハ、パナソニック、ブリヂストンの3社寡占の状況になります。そして、先ほどお話ししましたように品質を高めていく高級化競争が本格化して、単価が上昇していきます。

しかし、気づいていただきたいのは、パナソニックは、グループ内でモーターも作れますし、自転車も作れますが、ヤマハはまずオートバイメーカーで自転車を作っていませんし、ブリヂストンは、自転車は作れますが逆に電動アシストの駆動システムは作れなかったということです。では、どうしていたのかというと、ヤマハとブリヂストンは協力をして、ヤマハは駆動システム、そしてブリヂストンは自転車の躯体のほうを生産して、お互いに交換をしていたのです。ですから、名前は違っても実はヤマハとブリヂストンはほとんど同じものを売っていたということになります。例えば製品のリコールを出さざるをえなくなった時、両社が共同で出しているのにはこういう理由があるからです。

ただし、その後ブリヂストンは太陽誘電という会社と駆動システムを共同開発しており、他方ヤマハは海外の完成車メーカーとの協力にも注力しているようで、この関係は変化が生まれきています。

ガラパゴス技術と競争の方向

(1) 寡占下での独自発展

さて、お話ししたように国内市場の小ささ、それから独自規格というものが参入障壁となって、日本の電動アシスト自転車は寡占の中で独自の発展を遂げてきたわけですが、では独自の発展とは何かと言いますと、それは技術の在り方です。

先に言いましたように、日本の場合、ペダルを踏み込まなければモーターが起動しないという仕組みで、踏み込まなければモーターが起動しないだけではなく、踏み込む力、そしてスピードによってモーターが助けてくれる力が変わってきます（**図2－3**）。当初は、人の踏み込む力が1に対して、アシストは1、つまり100％分の力を足してくれたので、1

図2-3　アシスト力と人力の比率

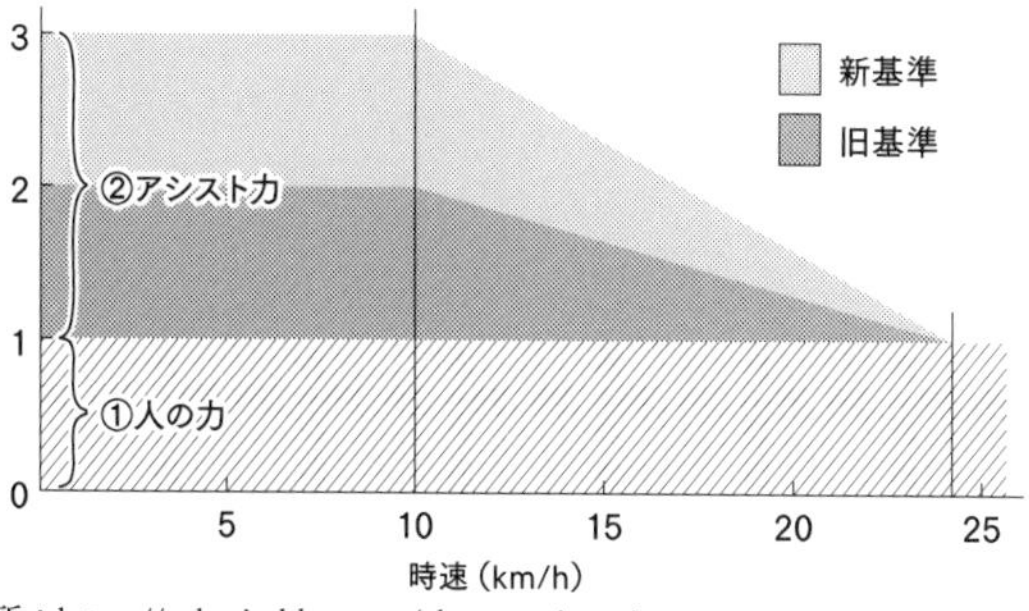

出所：https://echaritylog.com/about-assistratio

の力で2の力が出るというアシストのあり方でした。そして、時速10㎞を超えるとアシストが低減しはじめ、時速24㎞でゼロになるという仕組みです。ダイレクトな言い方をすれば、これは他国にとってはほとんどどうでもいい技術になります。

そして、2008年に道路交通法施行規則の一部が改正され、アシスト比率が踏み込む力1に対して2に変わりました。ですから、1の力で3の力が出るようになりました。しかし、時速10㎞を超えてからは同じことになります。

(2)実需主体の市場

変更の背景として、実は電動アシスト自転車の使われ方として当初は想定していなかったのかもしれないのですが、子供の2人乗せのニーズが高まったことがあります。このため、翌年には「幼児の2人同乗自転車に関する公安委員会の規則」というのが出て、それで子供を前と後ろに1人ずつ乗せ、2人乗せられるということに正式になりました。それまでは1人後ろに乗せ、あるいは前に乗せて、1人をおんぶするという形でお母さんは頑張っていたわけでありますが、それが変わりました。

さらに2017年に、改正道交法で、宅配の三輪自転車またはリヤカーの牽引の場合、アシスト比率が3倍——人力1にアシスト3で、4の力が出せるものが出るようになりました。

こうして日本独自のガラパゴス的な技術というのは変わってきたのですが、しかし確認しておきたいことは、この技術は自転車の範囲内でしか変わっていないということです。そして、日本の電動アシスト自転車の発展は、軽量化と並行して電池の容量を増やす、充電のスピードを速くする、あるいはよりスムーズなアシストといった方向で進んでいます。電動アシスト自転車メーカーでお話を聞くと必ず出てくる言葉が「乗り味」という言葉です。つまり、どれだけスムーズにアシスト自転車がアシストしてくれるかが勝負のポイントになっているということです。中国の市場、メーカーからすれば、残念ながらどうでもいいところでの競争になっているのです。しかし、日本のユーザーにとってはこれが非常に重要で、その需要に対応する形でガラパゴス的な技術が発展してきたということになります。

それで、先ほど見たように、日本の自転車の国内生産は1997年に600万台あったものが90万台を切るところまで減ってきて、国内生産の7割を電動アシスト自転車が占めており、電動アシスト自転車が日本の国内生産の砦になっています。しかし、その状況がこの先はどうなるか分からないということを次に確認しておきたいと思います。

日本ではスポーツ自転車の市場がまだそれほど大きく形成されていません。このお話は前章でしましたが、完成車の需要というのは実用に非常に偏った形で推移してきました。電動アシスト自転車の場合も、現時点ではなお子供を乗せる、それから買物、通勤・通学という実用に偏った需要構造になっています。

競争の行方

(1)避けられない海外の生産力活用

その中で電動アシスト自転車メーカー間の寡占的な競争が展開され、高付加価値化の路線の中で市場が拡大して平均単価が上がってきたわけです。しかし、値段が無限に上がっても市場が受け入れるというわけではありませんので、国内で生産を無限に拡大できるというわけではありません。そこで、少しでもコストを抑えるために、それから生産を拡大

写真2－4
出所：https://www.photo-ac.com/main/search?q=%E9%9B%BB%E5%8B%95%E8%87%AA%E8%BB%A2%E8%BB%8A&srt=dlrank

するには、もはやどうしても国外の生産力、特に中国の生産力を活用せざるを得ないという状況になっていることは前章でも少し触れたたとおりです。

写真2－4は子供を前と後ろに1人ずつ乗せている電動アシスト自転車ですが、子供を2人乗せて重くなり転倒した、あるいは自転車が壊れたのでは話になりませんので、安全性に配慮した堅牢な自転車を作らなければなりません。それにはそれなりのコストがかかります。ですから単価が上がっていくというのは作る側としてはやむを得ないわけですが、それでも親が子供を

自転車に乗せるのにいくらでもお金をかけられるわけではない。そこで国外の生産の活用ということになってくるわけです。

(2)三社寡占が崩れる可能性

国内の競争はどのような方向に向かい、何を帰結するのでしょうか？　**図2－4**は縦軸が価格、横軸のほうで数を取っていますが、日本の電動アシスト自転車は、2000年代半ば以降、数量の増大とともに価格も上がっていくという経路を辿ってきました。しかし、こうなってくると、実はこの三角形で描いている部分の市場ゾーンが潜在的に大きく空くことになります。ですから、日本の電動アシスト自転車には、本当はもっと広い市場ゾーンがあって、

図2-4　発展の方向と市場空間

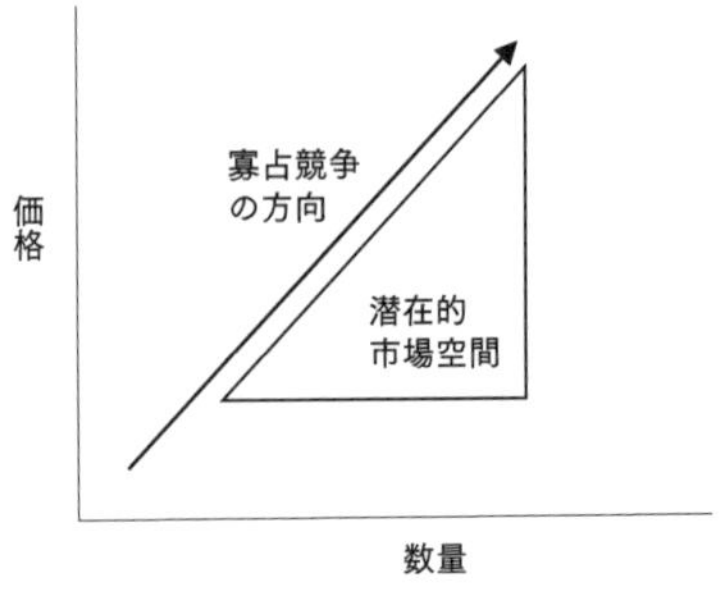

出所：筆者作成。

それを生かして供給してもよいはずでしたが、日本の寡占3社はグラフ上の矢印に沿って高級化路線を辿って、市場を拡大してきたのです。

では、この空いていると思われる三角形の部分をどう読み取ることができるでしょうか。それは、ここに低価格帯の市場ゾーンができているということになります。ここに、前章でもお話しした量販店が、プライベートブランドの電動アシスト自転車を投入してくるようになってきています。そのプライベートブランドの自転車は、当然ながら現時点では中国で組み立てることになります。それから日本にとって電動アシスト自転車が国内生産の砦だと言いましたが、その砦のさらに心臓部分は、足元のところについている駆動システムです。その駆動システムさえ国産でないものが使われるようになり、それが拡大していく可能性をこの三角形のゾーンの拡大が示すのです。そうなってくると、今までヤマハ、ブリヂストン、パナソニックの3社による市場の寡占構造が崩れていく可能性が、電動アシスト自転車の市場の拡大とともに生まれているのです。

もちろん心臓部分の駆動システムについて、日系メーカーは日本の国内だけに供給しているわけではなく、ヤマハ、パナソニックはヨーロッパ仕様にして輸出をしています。ですから、駆動システムの部分がもう見込みがない、競争に負けてしまうというわけではなく、これらの部分については海外企業との競争の中で生きていくことは可能かと思います。ヤマハ、パナソニック以外にも、部品メーカーであるシマノ、それからあと日本電産や太陽誘電などといったところがこの駆動システムを作っていて、特にシマノはグローバル生産を展開するなかで、ヨーロッパでも非常によく受け入れられています。

他方、日本国内市場向けに、現在すでに量販店が扱っているプライベートブランドの中には、例えば中国のメーカーであるBafangの駆動システムが使われているものもあり、日本国内での3社寡占構造というものが崩れる可能性、兆しというものが見え始めていると言えなくもないわけです。Bafangは2003年に設立され、中国国内市場の激しい価格競争の出口として、海外市場に活路を求める能力をもつ企業です。

以上、日本の市場構造、それからこれまでの経緯、今後の見通しということについて簡単にお話ししました。次に中国のほうのお話に移ります。

4．中国の電動自転車

はじまり

中国では以前から液体の電池を使った電動自転車のようなものがすでに存在していたのですが、技術的な課題も多く、量産化には至っていませんでした。

しかし、日本で電動アシスト自転車が開発されると、中国の関係者はすぐにこれに注目しました。天津の一番最初に「電動自転車」の生産許可証を取った企業に訪問して、そこで話を伺ったところでは、中国の関係者が日本で電動アシスト自転車を購入して持ち帰り、すぐに分析をして模倣しに走ったということです。それで、90年代前半から、上海市、天津市など、つまり中国における自転車の主産地で電動自転車に関する研究開発のサポートが始まりました。

そして、日本よりも少し遅れて1995年に、上海市のメーカーがアシストのついていない電動自転車の量産を始めます。これに少しだけ遅れて天津市、江蘇省、浙江省といった自転車の主産地で相次いで電動自転車が独自に開発され、発売されることになります。

製品化の過程で中国では電動アシスト機能は外されました。日本から電動アシスト自転車を買って持ち込んで、分解して調べてコピーをしようとした際、彼らはこの電動アシスト機能の中でトルクセンサーは要らないのではないかと思ったわけです。なぜかと言うと、トルクセンサーを外せばコストが下がるし、メンテナンスをしやすくなるからです。

中国製というのは壊れるのが前提で作っていましたので、修理しやすいようにしなければならないということです。それから、「楽に走れるのに何故ペダルをわざわざこがなくてはならないのか?」というのがユーザー側からの率直な感想でありますので、アシスト機能が外され、コストも下がったのです。

こうして1990年代半ばから後半に中国独自の電動自転車が登場したのです。

電動自転車生産・市場拡大の背景①――制度改革に伴う都市部ニーズの形成

中国でその電動自転車の生産が始まり、市場が拡大していく背景にはさまざまな要素がありました。

一つは制度改革に伴う都市部のニーズの形成です。改革開放が加速する中で生活構造が変わっていきました。かつては、都心部に工場があって、広大な工場の敷地内に人が住んで、その中で自転車で職場に通うか、あるいは社宅がそばにあって、その社宅から自転車で通うという状況だったのが、市場経済化で工場が郊外に移転していきます。そして社宅もなくなり、自分で住宅を買って、別のところに住むようになります。そうして職場と住むところが離れる「職住分離」が進みます。それで長い距離を移動しなければならなくなりましたが、自転車では遠い、さりとて公共交通手段はというと、バスはなかなか来ないし、地下鉄もまだ整備されていなかったので困りました。買物や送迎する場所も離れてきて、自転車よりももっと楽に移動できる手段が必要になってきました。

さらに所得が上がってきて、自転車よりもっと楽に動けるものが欲しくなりますが、とはいえ、まだ車は買えない状況でした。では自転車と自動車の中間として、オートバイがあればいいところですが、1990年代に入ると都市部でオートバイは制限されていきました。そのオートバイの制限というのは、ある意味では日本の50cc、原動機付自転車の市場縮小と同じ経緯を辿ります。こうして電動自転車のための市場空間が出来上がります。

加えて昔の中国の姿というのを思い出していただければと思います。車道よりも自転車道のほうが広いという状況でしたが、その後のモータリゼーションの中でも自転車専用道が確保されていました。ですから、自転車が電動自転車に変わっても走る場所は確保されていたのです。これは日本と大きく違う点です。

こうしたことから電動自転車の普及が都市部から始まりました。

電動自転車生産・市場拡大の背景②――制度・法規の要因

さらに日本の電動アシスト自転車と大きく違ったのは次の点です。日本では、まず警察から走ってよろしいというお墨つきが出て、法制度が整ってから多くのメーカーが参入してきて普及し始めました。ところが、中国の場合は中央政府は駄目だと言っていたにもかかわらず、勝手に地方が始め、多くのメーカーが参入したという経緯があります。

1988年にできた中国の道路交通管理条例では、第19条に自転車、三輪車に動力装置をつけてはならないと、はっきり書いてあったのです。にもかかわらず、1995年の上海に始まり、どの地域も電動スクーターにほかならない電動自転車を勝手に軽車両に分類してしまいました。それによって上海、天津、江蘇、浙江それぞれの地域で実質的には電動スクーターであるにもかかわらず、軽車両の自転車として免許なしで走れるようになってしまったわけです。

中央政府のほうはその後も引き続きこの動力装置をつけてはならないと言ってきたにもかかわらず、電動自転車の普及が進み、2003年に中央政府はついにギブアップします。それで、道路交通安全法により、動力装置を有するものの、設計最高時速、重量、外形寸法が国家規格に適合する電動自転車は軽車両とみなされることになったのです。

この経緯は非常に興味深いものがあります。中央が駄目だと言っているにもかかわらず地方が勝手にゴーサインを出す形というのは、この電動自転車にかかわらず中国のさまざまなところで観察できるのです。地方がまず実験をし、中央政府は様子を見ていて、それが有益であると判断したところでゴーサインを出すという形は、極めて中国的な産業発展のパターンであるということができます。

また、役所間で足並みがそろっていないということもあります。先ほどの法律の中に「国家規格に合致するものは云々」という但し書きがあったことには注意が必要です。交通規則上、電動モーター付は駄目だと言っていたにもかかわらず、2003年の道交法改正に先立って、1999年には国家規格ができていました。

電動自転車生産・市場拡大の背景③――緩い国家規格

ところで、この1999年にできた規格は極めて緩やかでした。34項目あるものの、絶対守らなければならないものは最高時速、制動距離、フレーム強度の三つしかないという非常に不思議な規格でありました。しかも、「時速20㎞以下」ということになってはいるのですが、メーカーも、ユーザーも誰も守らない。これは2018年になってようやく時速25㎞に引き上げられました。

それから、「重量40㎏以下」とあるのですが、これも守られませんでした。速く、長く走らせるためには電池をたくさん積まなければならず、あるいは設備を大きくしなければならなかったので、当然重量オーバーになります。それが2018年に55㎏に変わりました。

それから「脚こぎの推進機能がある」と言ってはいるのですが、初めからペダルを取ってしまって、どう見てもただのスクーターというものも散見されました（**写真2－1**）。

それから、モーターの定格出力も2018年に変更になりました。

このように実情にはじめから合っていない規格が20年後の2018年にようやく改定されたのです。

それまでの緩い国家規格の中で発生していた問題というのは高速化です。売るために速く走れないと意味がなかったのです。普通の自転車でペダルを漕げば時速20㎞など簡単に出てしまいます。ですから、電動自転車には時速20㎞という制限がつきながら、現実的には時速30㎞以上出るような形で製造設計され、それでリミッターを外せば時速30㎞、あるいは40㎞ぐらいまで出るというような仕組みになっていました。それから、ペダルも形だけつけていて、外せるようになっていました。

こうして高速化、オートバイ化というものが進んできましたが、これは使い手側のニーズに対応する形での発展であったわけです。

このようにそもそも動力モーターはつけてはならないというのにモーターをつけて勝手に走り始めて、それから規格はできたけれども、どれも守られていないというような状況が放置された形で参入が促進されました。そしてこれがユーザーの求める方向だからこそユーザーが買ってくれ、需要が拡大して……という形で発展してきました。この緩い規制の在り方というのはとても中国的な特徴であったと思われます。

電動自転車生産・市場拡大の背景④——供給要因

⑴競争の出口としての電動自転車産業

では、電動自転車を作っていたのはどんな企業だったのでしょうか。先ほど自転車産業との絡みでお話をしてきましたが、プレーヤーの顔ぶれは、電動自転車産業の形成と拡大が1990年代あるいは2000年代以降であったことと関わりがあります。

1990年代の社会主義市場経済以降、さまざまな領域でさまざまな産業が発展し、供給が増えて、競争が激しくなっていきました。自転車も、家電も、オートバイもみな競争が激しくなり、競争がきつくなっていました。オートバイは規制により国内の走行空間が狭まったことも関係がありますが、何か出口がないかと模索された時に出てきたのが電動自転車だったのです。そこで、自転車産業も、家電産業も、オートバイ産業もみんな出口が現れたということで、この電動自転車に飛びついていったというのが供給側の論理になります。

(2)容易な参入と細かい分業、激しい競争

電動自転車というのは部品をかき集めて組み立てればできるので、参入は非常に簡単です。基本的には部品製造も組立ても既存の技術の転用でできるものです。さまざまな部品を集めて生産するということは、非常に細かい分業で成り立っていることを意味します。しかも、それぞれの部品のメーカーもまたたくさんありますので、取引は競争的です。それぞれの分業の環節の中で極めて競争的、自由な取引があり、そして全ての環節で競争が激しいということにより、生産量も価格も支配不可能な形で無秩序に生産が拡大してきたという経緯になります。

普及にはいくつか時期のポイントがありました（**図2−5・次頁**）。まず一つ目は2003年のSARSの流行でした。この時、他人と接触しないで移動する需要が発生し、その手段として電動自転車は定着しました。それからリーマンショックの後は、農村の経済

図2-5　一般自転車と電動自転車の中国国内市場

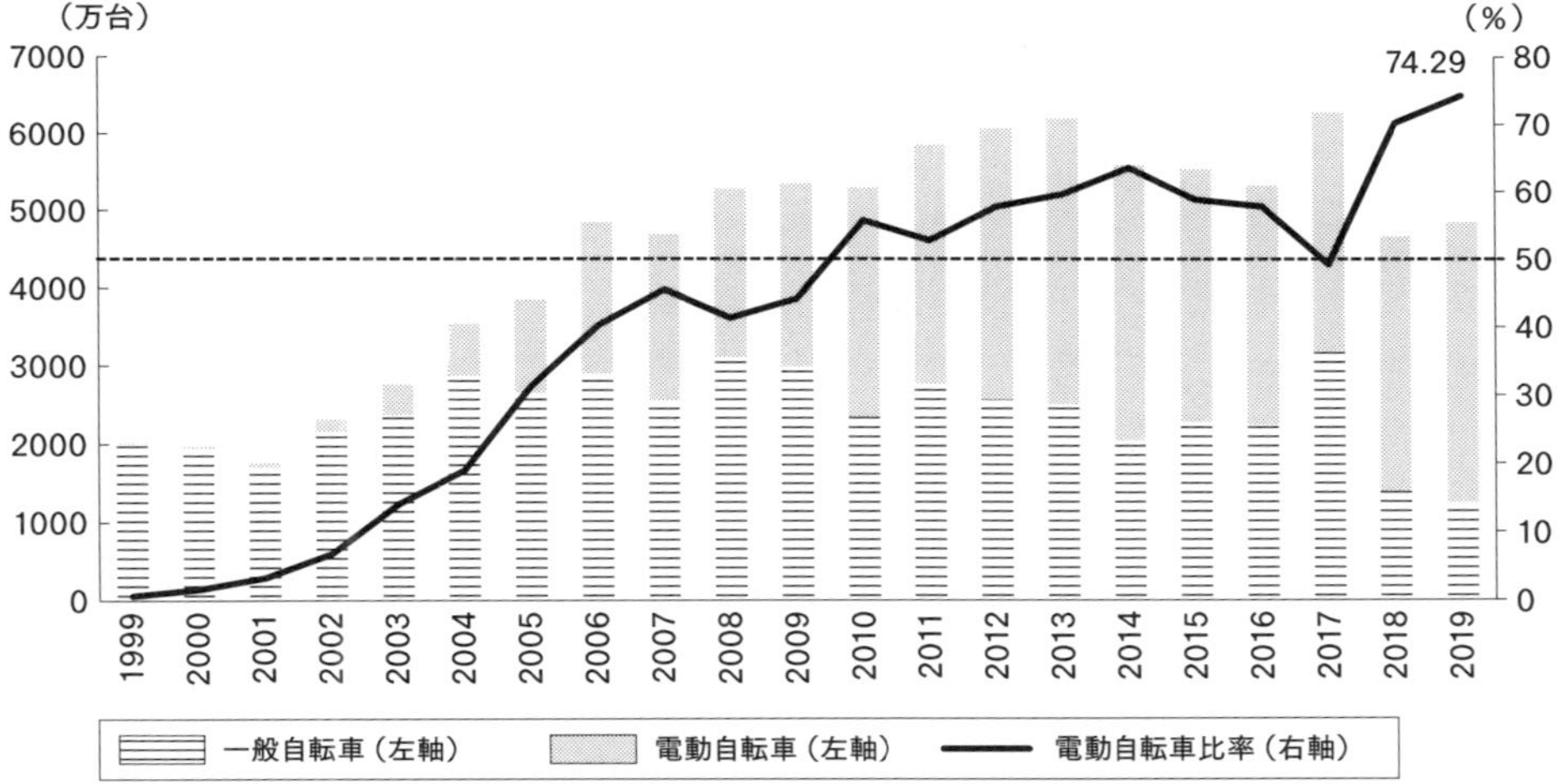

出所：*CHINA BICYCLE YEARBOOK*、『中国自行車』、中国自行車協会ウェブサイトにより作成。

振興で「家電下郷」という政策が行われましたが、そこでも電動自転車は対象となって、ユーザーを拡張しました。このような過程を経て、2019年の数字では、自転車の国内供給の70～75%ぐらいを電動自転車が占めるようになりました。

電動自転車は、電動システムがあるので作るのが難しいのではないかと思うかもしれません。しかし日本の電動アシスト自転車ほど技術は複雑ではありません。踏み込みを検知するトルクセンサーはなく、ただモーターを起動させるだけです。技術的に困れば、それを解決できる家電メーカーがあり、必要に応じて大学や研究所の技術者を引っ張ってくればよいのです。必要な部品は国内を探せばいろいろなところにあります。プラスチック製品もありますし、金属も加工できます。全ての生産要素が中国にそろっていたので簡単に作れたわけです。

つまり、容易な参入、深い分業、競争的な取引構造に加え、利用し得る資源が存在していたということですが、これがどれほどの意味を持っていたのかを次に簡単に話します。

⑶参入3年でシェアトップ

図2－6は、電動自転車の生産台数の推移と、生産台数上位4社、上位10社のシェアの推移です。２０００年代の前半から後半になると上位メーカーへの集中度が高まってきます。大体２０００年代の初頭ぐらいまではとにかくたくさんの参入があり、生産は分散していました。しかし、２０００年代の前半そして半ばから生産は集中していきます。それでもプレーヤーがたくさんいて競争が激しいので、なかなか値段が上がらないのです。

ちなみに、現在のトップメーカーというのは、何と２００６年に参入して、3年後にはシェアトップに躍り出ています。２０１１年には２６０万台を生産し、そして２０２０年は８００万台作ったと言われています。たった1社で日本の国内供給量に等しい量を作っているのです。それなのにまだ価格競争を基調とするという、すさまじく競争の激しい市場が中国の特徴ということができるのです。

日本での自転車の普及の説明で、自転車の値段を給料と比較してみましたが、ここで中国の電動自転車についても給料の水準との相対比較を見てみると（図2－7・次頁）、急速に普及した時期というのは、給料2カ月分から、1カ月分を出さなくて済むようになる

図2-6　電動自転車生産台数上位4社、10社のシェア

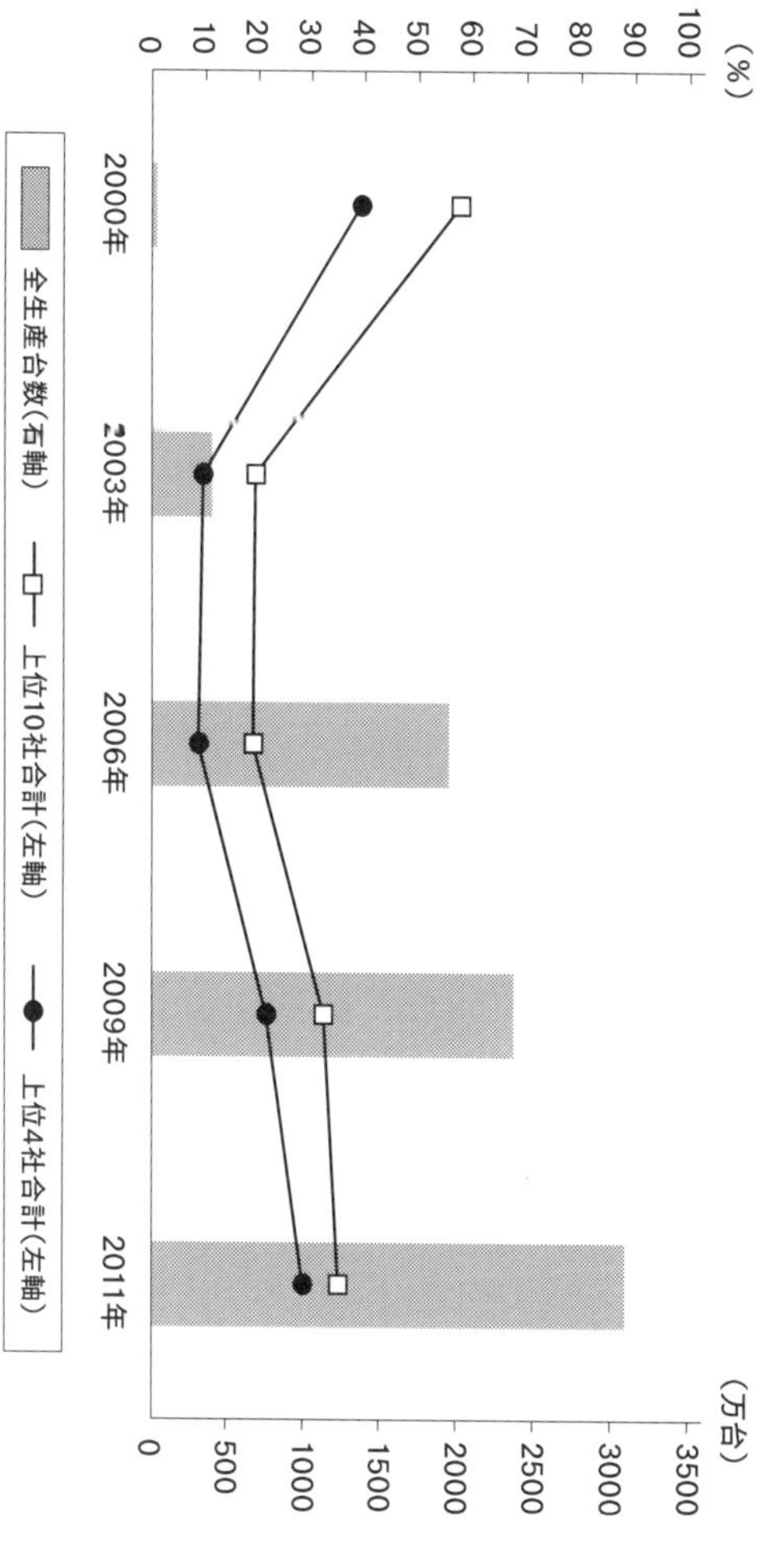

出所：*CHINA BICYCLE YEARBOOK*、『電動自行車』等により作成。

図2-7　平均月給と電動自転車平均価格

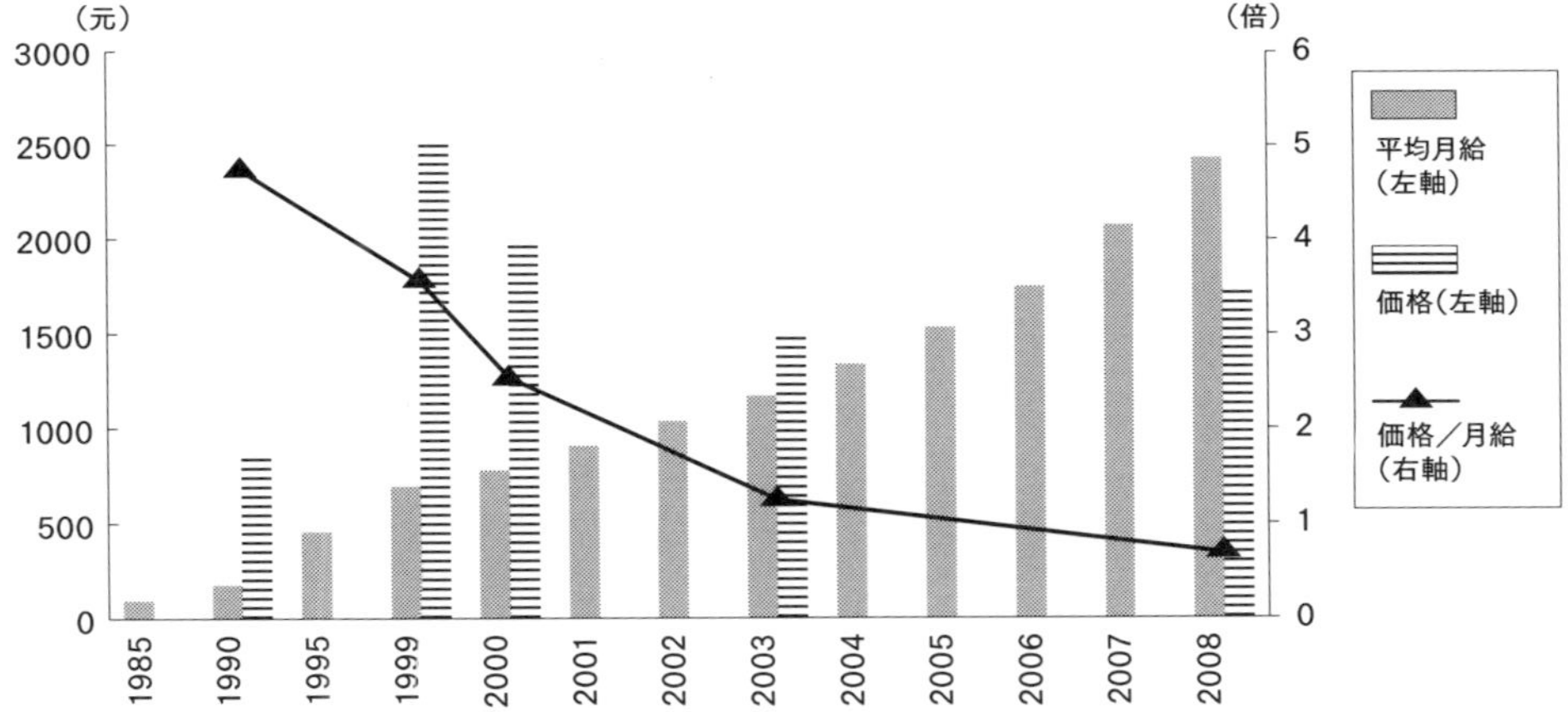

注：電動自転車の価格は鉛酸電池使用低価格タイプの値。平均月給は「職工平均工資」の値。鉛酸電池使用でも実際の小売価格の幅は広く、1000元を切るものから2000元台あるいはそれ以上まで様々である。
出所：国家統計局HP、Cycle Press Japan、天津市自行車行業協会での聴き取り結果などにより作成。

段階です。大卒初任給と平均賃金という違いはありますが、これは日本の自転車の普及の条件と同じだということもできます。

(3)成熟技術を使い、安さ追求

それから、日本の電動アシスト自転車は高級化路線で発展してきたと言いました。使用する電池に関して、鉛酸電池という成熟した技術の電池を使ったのは最初だけです。すぐにより長い距離が走れるようにということで電池の切替えが起こり、今ではほぼ全てリチウムイオン電池を使っています。

ところが、中国の電動白転車はいまだに85％で鉛酸電池が使われている。鉛酸電池を説明するときに、私はいつも、勤務している大学（１８５８年創立）とほとんど歴史を持っていますと説明するのですが、そのぐらい昔の技術をずっと使い続けているのです。これは中国の市場の特徴を表しています。産業の発展が、成熟した技術あるいはそこに存在している技術をとにかく使って、安く提供していく方向に進みやすいということで、それはユーザーが安ければいいと考えるので、必ずしも新しい技術は採用されないからです。

また、競争が非常に激しいので、競争を通じた部品の性能の向上と価格の低下も発生してきたということも、もちろんあって、それでなかなか値段が上がらないのです。生産の集中度が上がっても――三千何百万台のうち800万台を1社が占めるような状況になってもなかなか日本のような方向には進んでいません。

国家規格超過と新規格をめぐる議論

中国の電動自転車の使われ方は非常に混乱していました。中央政府が駄目だと言っているにもかかわらずモーター付の自転車がはびこり、それから国家規格を作ったにもかかわらず誰も守らないという状況が存在しました。その中で交通上の混乱があり、さすがにこれではまずいということで、2009年に電動自転車と電動オートバイとをきちんと分ける目的で、「電動オートバイ・電動軽オートバイの技術規格」というものが一旦発表されました。

ところが、この技術規格が中央政府から発表されると、各地方の業界組織がこぞって反対意見を表明したのです。それで、この技術規格はあっという間に引っ込められ、中央政府が一度決めたものを翻すということになりました。

恐らくですが、日本では政府が一度決めて出したことが翻ることはそれほどないと思うのですが、中国ではこのようなことが起こりうるということで、中国でいかに融通無碍に対応しているのかということの確認がここでもできるのです。つまり、非常に弾力的だということです。

なお拡張する国内市場

中国の電動自転車の市場というのは、なお拡大していく可能性を持っています。都市部・農村部いずれにおいても100世帯当たりの保有台数は伸び続けていますが、中国の電動自転車の市場の中心は農村のほうに移り始めています（**図2－8**・次頁）。都市部では、次回お話をするシェア自転車が出てきましたので、自転車のほうにまた戻る動きもある中で輸送用途で需要が拡大しており、農村部でも輸送の用途で電動自転車が使われるようになっています。

なぜ中国で充電切れの心配をあまりせず、ここまで電動の乗り物が受け入れられたのか。

図2-8　100世帯当たり電動自転車保有台数

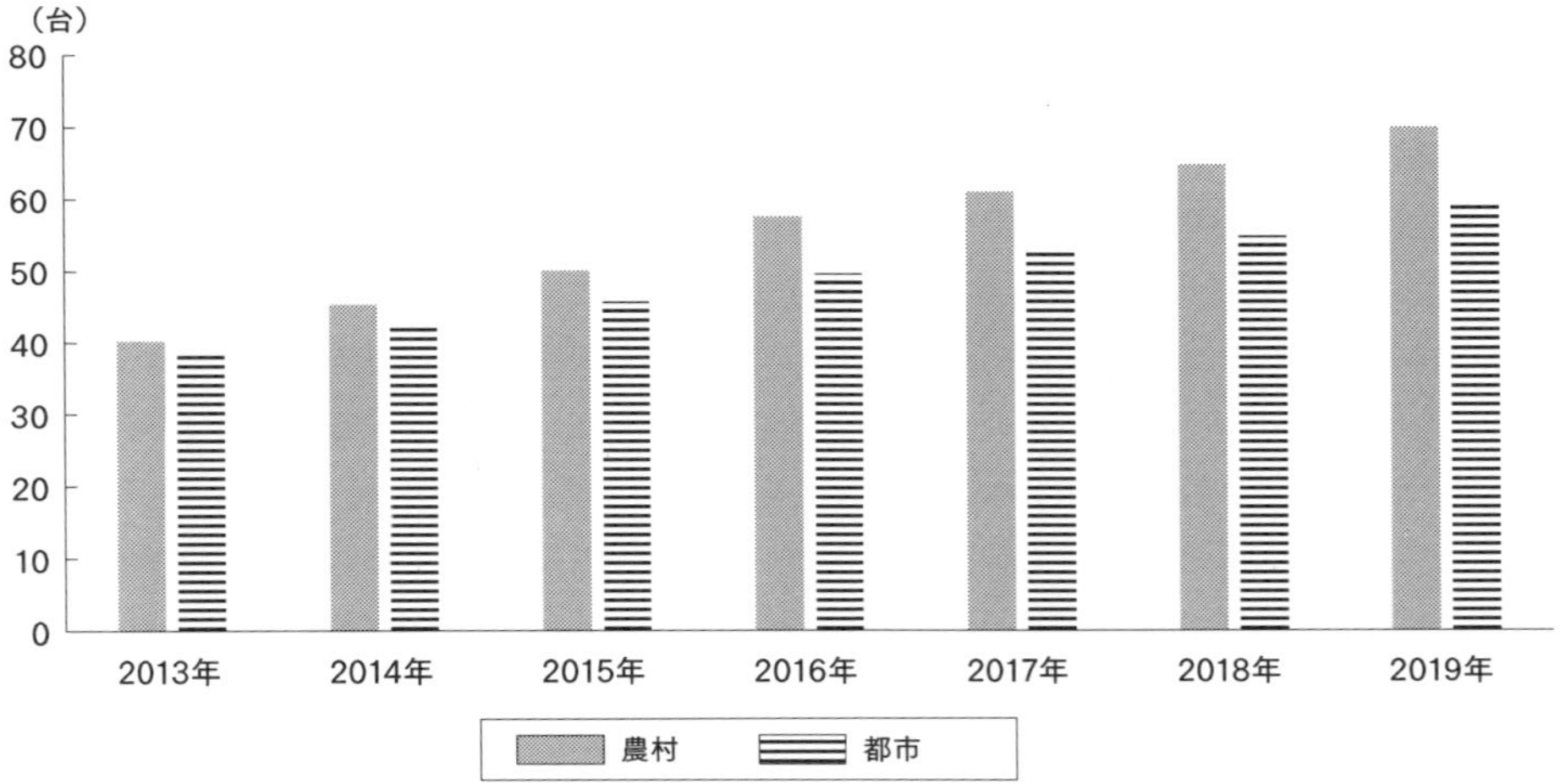

出所：国家統計局編『中国統計年鑑』2020年版により作成。

それは、ガソリンスタンドを探して給油するよりも、家庭電源から充電するほうが簡単だということが大きかったと考えられます。特に農村では、ガソリンエンジンよりも家庭電源を取れる電動のほうが利便性があるということです。

中国の電動自転車も近年は外観が洗練され、機能も増えてきていますし、リチウムイオン電池採用の高価格商品も出てきていますが、なかなか技術的な差異あるいは品質の差異というものを見出しにくく、日本の目からみればどこも同じようなレベルです。では、なぜトップメーカーは1社で800万台も作ってシェアを取っているのでしょうか。実は、これは技術の問題というより、販売と広告力です。販売のネットワークと広告力を持っているかどうかでシェアが変わってしまうというのが中国の競争のあり方です。やはり中国の国土面積が日本の25倍もあり、販売のネットワークをどのように構築していくのか、それからどのように消費者に認知させるのかという点に、実は技術や品質よりもシェア拡大の鍵があるというような感じがしています。加えて、一旦生産規模が大きくなると、部品調達面で価格の交渉力が生まれ、部品を安く調達できるようにもなり、より一層競争力が生まれるということもあります。

チャンスを掴んだ日系ブレーキメーカー

さて、少し話がそれてしまいますが、中国のガラパゴス市場の中で実は大奮闘した日系企業があるということを、紹介しておきます。

その企業とは、前回も少しだけ言及した埼玉県草加市にある自転車ブレーキメーカーです。このメーカーの中国進出のストーリーは興味深いものがあります。1990年代に入って中国のメーカーがこの会社の製品をコピーして自社製品として日本に売り込んできたので、その抗議に行ったらそれが合弁の交渉に変わってしまったというのです。そこで合弁を設立して、そしてその工場で中国市場へのブレーキ供給と日本に輸出される自転車へのブレーキ供給をしていました。結果として、日本市場向けの供給場所が中国に劇的にシフトする直前に中国に生産拠点を持ち、日本向けの受注を待ち構える形になりました。

ところが、1990年代の終わりくらいになると、そのブレーキの不具合のクレームが入るようになったのです。それで一体何に使っているのかと聞いたところ、中国の電動自転車に自社のブレーキが使われているということがわかったのです。

そこで、このブレーキメーカーは、ならば当社の別のブレーキを使ってくださいという

写真2－5

形で、より制動力の高いブレーキを紹介して、それがその後しばらく中国の電動自転車のブレーキのスタンダードになって市場の4割をこのブレーキメーカーが占めるというすごい話になりました（**写真2－5**）。その後、タイプの異なるより安いブレーキが主流になってきましたが、その供給にも対応しながら、シェアを維持しているようで、中国にはこのようなチャンスもあり得るということを示す一例となりました。

増える車輪低速四輪EV
──「もう一つの」電気自動車の可能性

日本の電動アシスト自転車の場合は、自

転車の範囲内で技術が発展していると言いましたが、中国の場合は、自転車に限らず非常に幅広い発展を見ているということを紹介しておきます。

図2－9はある自転車メーカーの製品のバリエーションです。自転車、それから三輪自転車、スポーツ自転車、それから電動自転車、電動三輪車、そして電動四輪車、つまりEVまで自転車メーカーが作ってしまっている。こんなことが中国では起こり得るということです。

それから、部品メーカーでも電動自転車向けのコントローラーを作っていたところがレベルアップして、電動自転車向けの供給で資本を蓄積して経験も積んで、高速EVのコントローラーまで手がけるようになるという発展を遂げています。日本では全く想像できないような産業の発展の方向が中国にあることが示されています。

ところで、**図2－9**の製品バリエーションに出てきたEVは実は普通のEVではなくて、時速60㎞ぐらいしか出ない低速EVと呼ばれているものです。この低速EVが、中国の中央政府が認めていないにもかかわらず、これまた中国的状況で、独自の大きな市場を持っており、また発展の可能性を持っています。この背景には、中国で以前から農村専門の「農

図2-9　自転車からEVへの展開

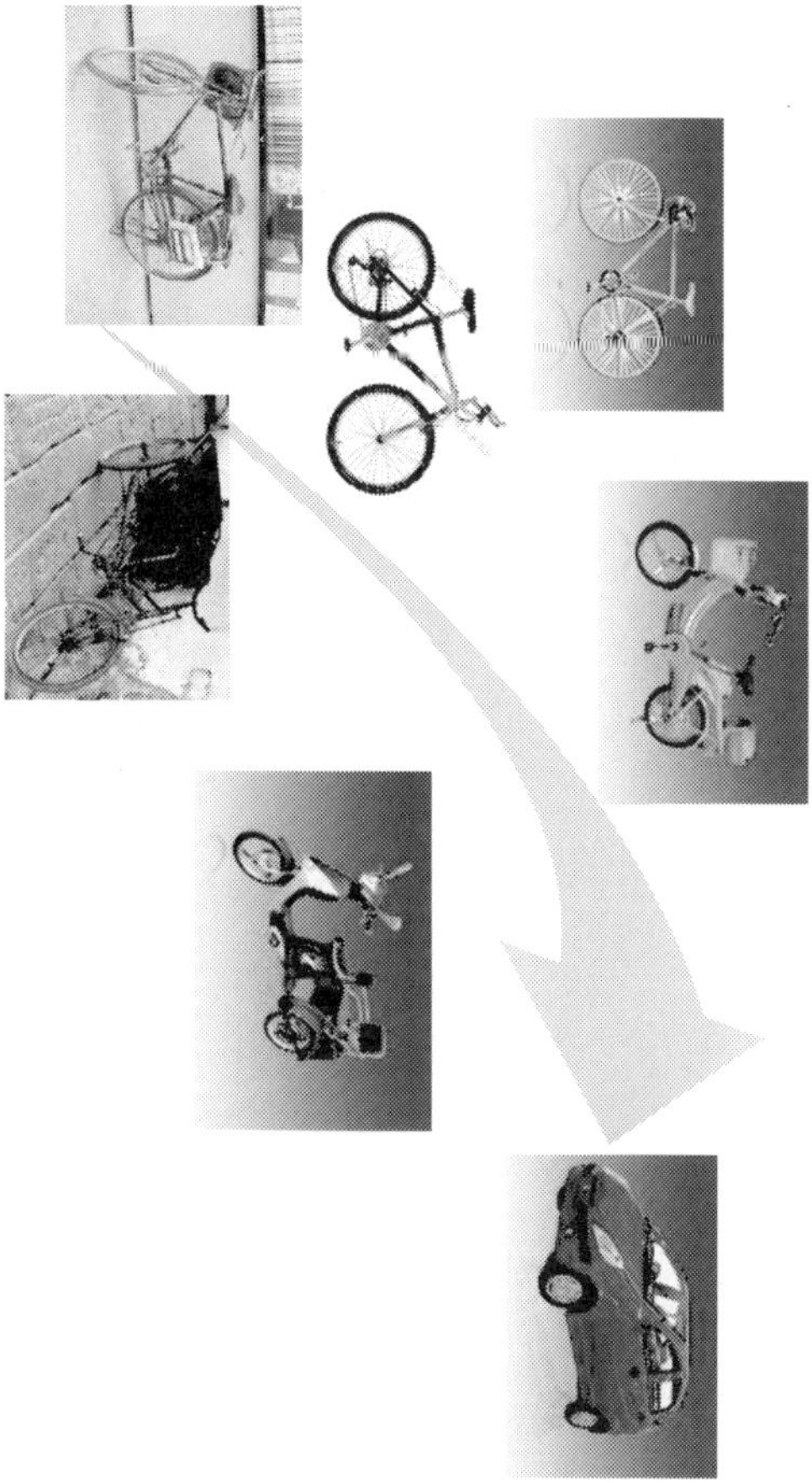

出所：https://www.chyxx.com/industry/201911/801292.html

用車」という特殊な車両があり、この市場が1500万台ぐらいあって、この部分がせいぜい時速60㎞しか出ないEVに置き換わっていく可能性があります。これまで中央政府は認めてきませんでしたが、この可能性に私はかねてより注目しています。ついに、2021年6月、工業情報化部は低速EVを含めた国家規格改訂のパブリックコメントを求めました。(2)

自転車にアシストを省いた電動モーターが付き、成熟した古い電池技術を使い、車輪を増やしていくことでEVができてしまう――ここに中国的産業発展を見るのです。低速EVメーカーの出自は多様で、電動自転車産業のルートだけではもちろんありません。ただ、それでも電動自転車から車輪の数が増え、それから中国固有の低速EVへ発展していくという経路もあり、しかもその市場が少なくとも1500万台の規模で存在している――この可能性をここでお話ししておきたかったのです。

中国では自転車、オートバイ、家電といったところの非常に激しい競争があり、その競争からの出口を求める動きが、フル電動で走れる電動自転車産業形成の方向に展開してきました。そして、アシストを外してフル電動で走れる形で普及した先に、車輪が増え、低速四輪EVにまで辿り着く。ここから低速四輪EVの経験を積み重ねて、さらに高速で走れるEVのほうにも展開をしていくという、私たちが通常考えているガソリンエンジン自動車から一般の電気自動車への切替えという経路とはもう一つ別のルートが、もしかしたら中国で形成されていく可能性があると、私は考えています。

中国の電動自転車産業は、自転車から始まり、電動自転車につながり、そこからEVに展開していくという、今まで私たちが経験していないもう一つの代替的な発展経路というものを提起しているというように思われるのです。

さらに言うと、ハードルを低くして参入と競争を促進していくことが産業の形成や発展の有効な方法の一つになっているのではないかということを、中国でにおける自転車、電動自転車そして低速EVへという経験が提起しているのではないかと思うのです。ただ、このことは中国のような条件がないと厳しいかもしれません。条件というのは、実験を行うことができ、その場が大きい、つまり実用化の実験を行う市場が大きいということです。中国の場合であれば、地方政府が産業振興の主体となって、例えば人口が1億人もいる地方もありますから、そうしたところで実験が行われることで新しい産業が形成されていく可能性があります。

5. 経済産業社会の特徴・差異を映す自転車

最後に、この章でお話ししたことと、その含意について改めて確認をしておきましょう。日本では、電動アシスト自転車の経験としては、非常に厳しい規則、比較的小さな市場、そこでの寡占的な競争が、質的な向上の方向への発展を導いてきたと言えます。それには、日本の市場が安全を非常に重視するところが大きく影響したとも考えられますが、その中で、ガラパゴス的電動アシストの技術が進化あるいは深まる方向で発展をしてきました。より滑らかな「乗り味」という微妙な感覚をめぐって発展してきたわけです。

ですが、市場がより一層拡大していくと、次に何が起こるかと言うと、前章の話と重なってきて、結局は中国の生産力の利用にならざるを得ないということで、それから、ここまで質的向上を導いてきた3社の寡占が崩れて新規参入が起こり、競争の在り方が変わってくるかもしれないということです。

ですから、「国産の砦」として電動アシスト自転車を位置づけてはきたものの、必ずしもその将来は安泰ではないというのがここからの含意です。

他方中国は、緩い規制と大きな市場といった環境を利用して、たくさんのプレーヤーが参入し、非常に競争的に量的拡大が進むという方向で発展が実現してきました。こうした競争的で、量的な拡大の発展の方向を実現してきたその背景には、産業を興すのに必要な生産要素が全部揃っているという非常に重要な要件があります。ですから、市場が大きいこと、規制が緩いことが新産業形成に重要であると話してきましたが、市場が大きく規制が緩ければいいということだけではなく、改革開放の進展過程で生産要素が揃ったところで初めてこれが可能になったという事実は強調しておきたいと思います。

そして、中国の電動自転車産業の形成と発展が日本の電動アシスト自転車と違ったのは、二輪から車輪を増やしていく技術の応用が観察され――もちろんこれだけが低速ＥＶ産業の唯一の形成経路ではないにせよ――、さらに新しい産業が形成されてきたということです。

電動自転車から低速ＥＶ産業への接続は、先ほどお話ししたように産業の形成と発展の、先進国の経験とは別の、もう一つの経路を示したということになるわけですが、しかし中国なりの在り方というのは、激しい競争と共に著しい浪費も生み出します。その激しい競争の過程では低品質の製品の著しい過剰供給が発生して、製品が売れずに企業が潰れることもあるでしょうし、多くの資源の浪費が起こります。これは次章のシェア自転車の話とも重なってくる話です。

これに対して日本のほうは、例えば日本の電動アシスト自転車の場合は、安全性あるいは環境への配慮ということを重視してきたわけですが、厳しい規制があったとしても、質的な向上に向けて非常に精緻な技術の発展を遂げてきました。中国のほうは、技術的には極めて大雑把、場合によっては低位なままでも、さまざまな用途に技術が応用されていく傾向があるように思われます。ここで私が言いたいのは、中国がいい、日本が駄目だ、あるいはその逆だという話ではなく、それぞれがそれぞれの特徴を持った技術の発展あるいは産業の発展の方向があるということです。それが電動アシスト自転車・電動自転車の例でお伝えしたかった点になります。

1 本項は西岡正「電動アシスト自転車市場の特性と動向」（『「自転車産業ビジョン」調査研究事業2020年度報告書』2021年3月、一般財団法人自転車産業振興協会）を参照している。

2 「公開征求対推薦性国家標準『純電動乗用車技術条件』的意見」工業和信息部、2021年6月17日

第三章　「持つこと」から「使うこと」へ
――シェア自転車のインパクト

1.　はじめに

シェアリングエコノミーとは

「自転車に乗って見る日中経済――コロナを超えて」第三章では、『『持つこと』から『使うこと』へ――シェア自転車のインパクト」というテーマでお話しします。

シェアリングエコノミーにはさまざまな定義がありますが、例えば誰でもインターネットで見ることができる「デジタル大辞泉」では、「物・サービス・場所などを、多くの人と共有・交換して利用する社会的な仕組み」という定義が与えられています。

2000年代半ばから後半にかけて、例えばライドシェアのUber、それから民泊サイトのAirbnbなどが登場してきました。これらがシェアリングエコノミーの始まりと言ってよいでしょう。

シェアリングエコノミーの概念に関して、もう一つ非常に重要なことは情報通信技術を応用しているということです。シェアリングエコノミーの一環として登場してきている自転車のシェアリングについても、これは広い意味ではレンタサイクルの一種ではありますが、やはり情報通信技術によって管理、決済が行われ、さらに借りた場所とは違う場所に返せるという点で、一般のレンタル自転車とは違った発展の仕方をしてきているわけです。自転車シェアリングについては、フランスのVelib'、そして台湾のyoubikeなどが日本でも知られていますが、日本ではドコモ、ソフトバンク系の企業を中心に展開されています。

本来の方向と中国の現実とのギャップ

本章では自転車を例として、このシェアリングエコノミーなるものを見ていきますが、所有から利用へのシフトというのは、実は非常に大きな意味を持っていて、これは国民経済の成長の方式、発展の方式が変わってくることを意味しています。日本の高度成長期はモノを買うために頑張って働き、それに応えるために大量生産が行われ、そして大量消費が行われるというようなパターンで、モノがたくさん作られ、たくさん消費される方向で経済が発展してきました。

しかし、シェアリングの世界に入りますと「環境に優しい」、「資源を節約する」、「持たずに借りて済ませる」というような観念が生まれてきます。そうすると、経済の発展の方向は、モノを大量に作って大量に消費していくということではなくなり、利用そのものから付加価値を見出していくというパターンに変わっていく、あるいは変わっていかなければならないということになります。

こうした環境負荷を下げるとか、あるいは資源を節約するといった意識は、いろいろなことが満ち足りた後に生まれると考えられます。言うなれば「衣食足りて礼節を知る」といった観念でしょうか。そうするとそうした観念が生まれる可能性があるのは先進国で、先進国からシェアリングエコノミーは発展していくと想定され得るわけです。ところが現実には、シェアリングエコノミーで世界の先頭を行っているのは中国です。

その中国では本章でお話しするように、自転車の世界で大量生産・大量消費のままシェアリングエコノミーが展開されるという非常に不思議な状況が観察されたのです。以下では、シェア自転車に見るこの中国的な特徴をまずお話しした上で、それからシェア自転車をめぐる日中の差異についてお話をさせていただきたいと思います。

2. 中国のシェア自転車――そのジェットコースター的展開

この章の中心は中国のシェア自転車の話になります。中国のシェア自転車の展開に、あえて名前をつけると、それは「ジェットコースター的展開」となります。

中国におけるシェアリングエコミー、シェア自転車の始まり

中国のシェアリングエコノミーは、世界的な動向のすぐ後ろを追うように2012年にタクシー配車サービスから始まりますが、2010年代の半ばからはシェア自転車が急拡

写真3－1

大するようになります。

シェアリングエコノミーについては、2017年の全国人民代表大会（国会に相当）や共産党大会でも言及がありました。成長方式の転換を目指す中で、シェアリングエコノミーが重視されるようになってきたのです。

ところが、シェア自転車はどんな状況になったのかと言うと、**写真3－1**のように、大量の放置自転車が発生してしまったのです。この段階では、黄色い自転車とオレンジの入った自転車のほぼ2色で占められていました。

情報通信技術の普及

シェア自転車が急拡大するには幾つかの条件があ

り、その条件が整ったところでシェア自転車の急拡大ということになったわけです。

その条件としては、まずシェアリングエコノミーの条件でもある情報通信技術の普及が挙げられます。

(1)インターネットの普及

図3－1は中国におけるインターネットの普及状況を表しています。２０１０年代からスマートフォンを使ったキャッシュレス決済が急拡大してきました。これによってシェア自転車を利用する条件が整いました。

２０１５年に中国政府は「インターネットプラス計画」を発表しました。情報通信技術を国民経済・産業の発展と融合していく計画で、翌16年からの新しい経済計画の中では環境対策の一環として自転車の利用が奨励されるということで、まさに２０１０年代半ばにシェア自転車の政策環境が整ったと言えます。

シェア自転車はインターネットの普及と共にある産業・ビジネスです。シェア自転車の前身のようなものが、２０００年代の後半から地方政府や国有企業によって公共自転車と

図3-1　中国におけるインターネットの普及状況

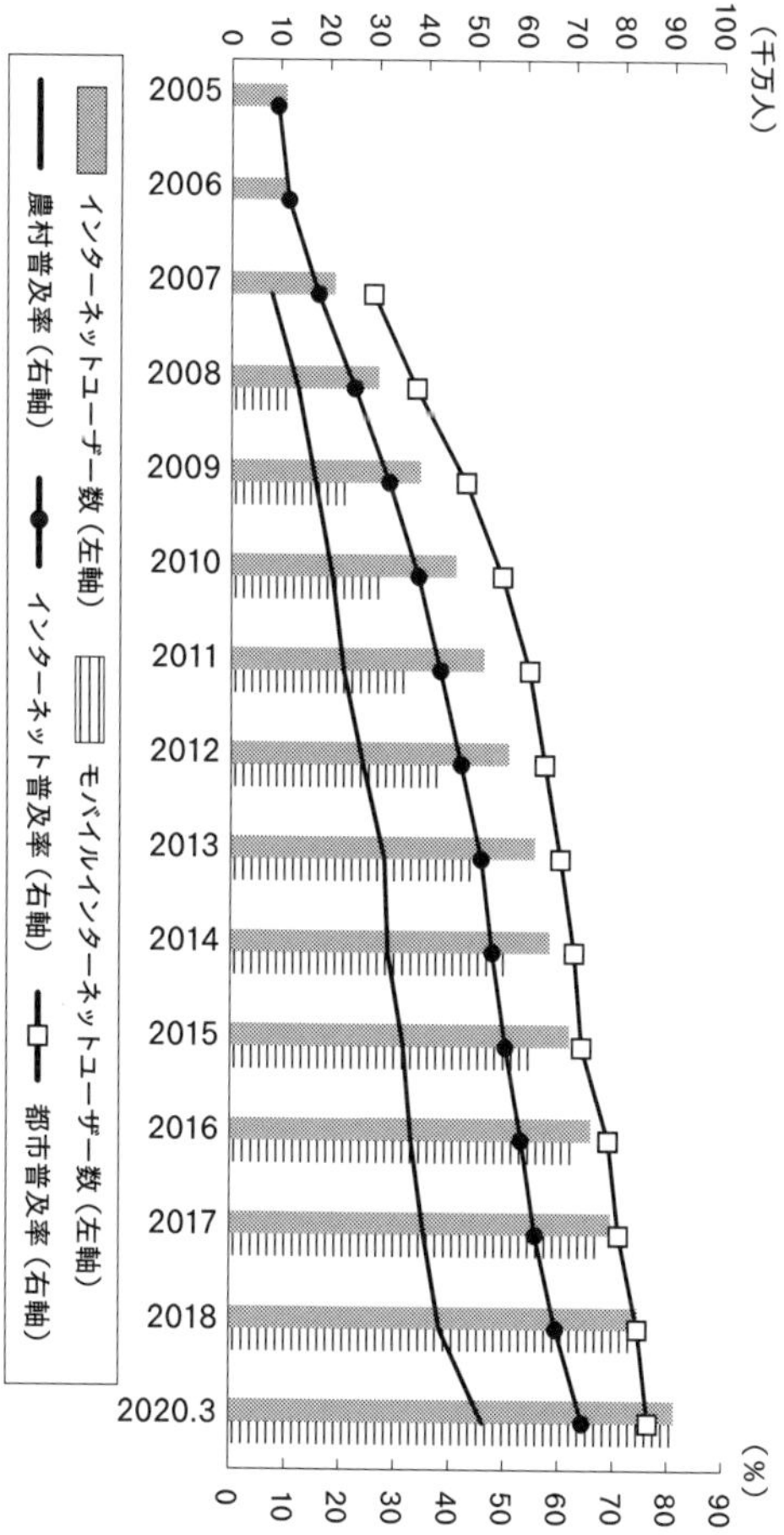

注：インターネットユーザー数はモバイルインターネットユーザー数を含む。
出所：中国互聯網絡信息中心『中国互聯網絡発展状況統計報告』により作成。

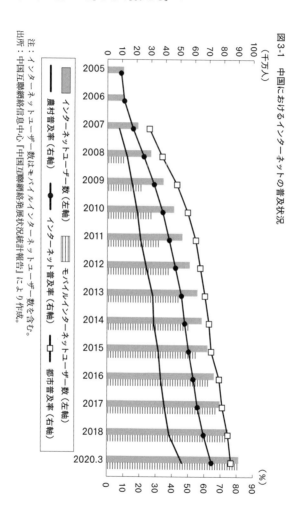

いう名前で始まってはいたのですが、２０１０年代の半ばから民間企業が参入し、参入が相次ぐようになってからが本格的な発展ということができます。

⑵衛星測位システム、ＱＲコード——情報通信技術の活用

そして、中国の場合は、借りる場所と返す場所が別々でよいだけでなく、どこにでも乗り捨てられるようになっていました。どこにでも乗り捨て可能などということが、どのようにしたら実現するのか。それには一台一台どこにあるのかが分かることが必要で、そのために衛星測位システムが利用されました。

写真３－２の点線で囲ったところに自転車の鍵がついています。この鍵はスマートロックと呼ばれています。ここにＱＲコードがついていて、鍵の中には衛星測位システムを使うＳＩＭカードが内蔵されています。スマートフォンでアプリを立ち上げ、ＱＲコードにかざすと鍵が開く。そして、使い終わったらまたスマートフォンで鍵を閉める。あるいは手で閉めてもいいのですが、いずれにしても施錠により自動的に料金が精算されるというような仕組みです。当初は一部だけ、後に全面的になっていますが、衛星測位システムで

写真3－2（天津・大学キャンパス内）

自転車がどこにあるのかが捕捉された上で回収、再配置が行われてきました。

ジェットコースター的展開

後でも申し上げますようにシェア自転車がはやり始めると、そして参入が増え始めると、中国お得意の価格競争が始まりました。当初利用料金は30分1元でしたが、実質的にどんどん切り下げていく方向で競争が展開されました。

先に、中国のシェア自転車の発展状況はまさに「ジェットコースター」と表現しましたが、そのジェットコースターの様子が**図3－2**（次頁）になります。

２０１５年の段階でシェア自転車の投入台数は僅か20万台でした。それが翌16年には３００万台投入され、さらに17年には一挙に２０００万台が投入されました（**図３－２**）。たった1年で日本の国内市場3年分の自転車が新たに投入されたということになります。

当然ながら事業者も増えていき、２０１５年に数社もなかったところが、30社、70社と参入していきましたが、投入制限がかかった途端に、翌２０１８年には新たな投入台数は５００万台まで落ち込み、それまでに多くの企業が倒産するか、もしくは退出していって10社程度しか残らなかったというように、僅か3年ほどの間でジェットコースター的な展開をしてきたのが中国のシェア自転車でありました。

図3-2　シェア自転車事業者数と投入台数

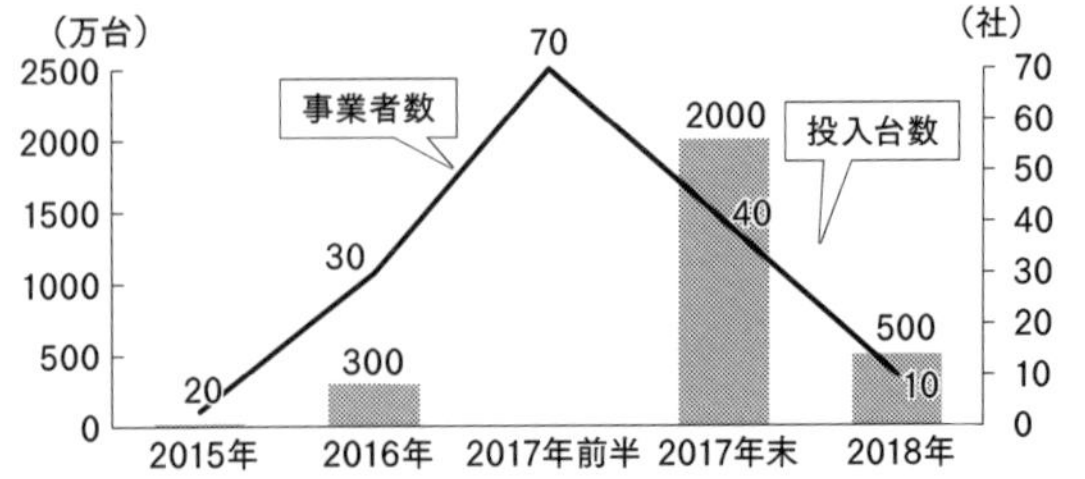

注：投入台数、事業者数については様々な数字が公表・報道されている。
出所：中研普華（2018）『中国行業研究諮訊報告』、『中国自行車』2019年第4期、中国自行車産業大会（2019年11月23日）の情報などにより作成。

それで、そのジェットコースターが短期間で急上昇し、急降下しただけではなく、その顔ぶれも短期間に大きく変わることになりました。

図3－3はジェットコースターが急降下に転じた段階での主要プレーヤーです。黄色い自転車のofoという企業とオレンジ色の入った自転車のmobikeという会社の2社でほぼ独占と言いますか、見た目は寡占という状況だったのです。

ところが、翌年になると顔ぶれがガラッと変わりました。**図3－4**（次頁）は広州市だけのものなので**図3－3**と本来は直接比較できないのですが、ただ私が北京あるいは天津、上海などで観察した結果でも、ほぼ同じような状況が確認できましたので、二つのグラフを比較して示しています。たった1年

図3-3　2017年事業者別シェア

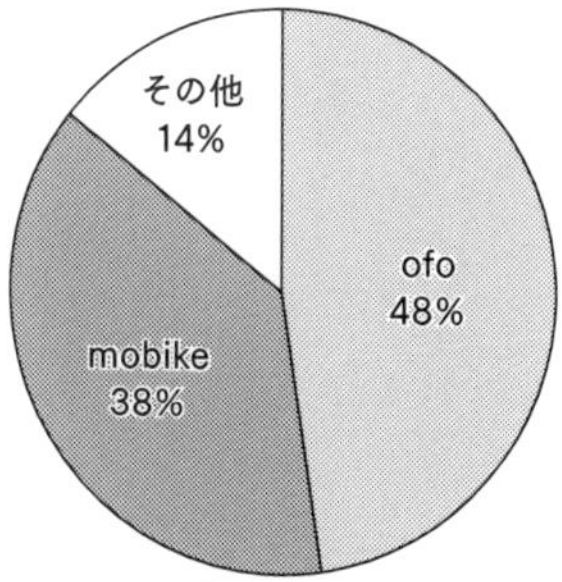

出所：中研普華（2018）『中国行業研究諮訊報告』により作成。

で黄色のofoが姿を消し、そしてオレンジ色のmo-bikeは名前が変わり、そして今まで出てこなかったプレーヤーがトップスリーに名を連ねているという劇的な変化を遂げたのです。

日本の場合ですと、後でお話しするようにドコモ系と、それからソフトバンク系が2社で2010年代から今までずっと業界を牽引しているのに比べると、かなり劇的な変化があったと言えます。

しかし、このジェットコースター的な展開の中で、中国ではシェア自転車がしっかりと社会に根づくことになりました。ユーザー数は2016年で2800万人しかいなかったのが2019年には3億2000万人に急拡大しています。物すごくラフな言い方をすると、3年間で日本の人口三つ分、ユーザー

図3-4　広州市事業者別シェア（2019年6月入札結果）

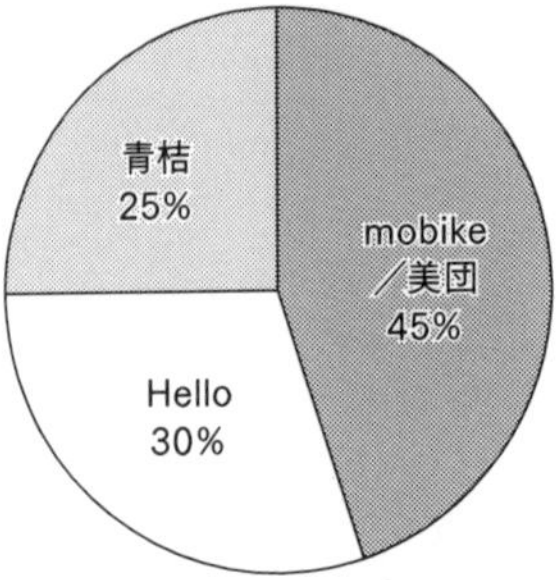

出所：広州市交通運輸局交通建設項目中標候選人公示。

写真3－3（北京）

写真3－4

を増やしたということになったのです。この状態で現在基本的にユーザーが安定しています。

　先ほどもお話をしましたが、次に色の変化です。

　もともと2018年くらいまでは黄色いofoと、オレンジ色の自転車のmobikeの2色だったところが（**写真3－3**＝ofo、**3－4**＝mobike＝ただしこのモデルは銀色）、その後、自転車の色が変わり、つまり事業者が変わって（**写真**

写真3－5

写真3－6

3－5＝ティファニーブルーの青桔、3－6＝白と青のHello)、それからシェアに電動アシスト自転車が登場してくるという変化も見られました。これについてはまた後で申し上げます。

シェア自転車を受容する社会環境

(1)自転車が走れる環境

中国で自転車がどういった形で発展してきたのか、なぜ今なお受け入れられているのかということは第一章、第二章でもお話ししましたが、シェア自転車についても受容する社会環境というものが中国にはありました。

それは何よりも自転車が走れる環境があるということですが、自転車が主な近距離移動手段だった時代の名残で、電動自転車、それから一般の自転車と同じようにモータリゼーションの中でも自転車専用レーンがありましたので、シェア自転車が走ることができているわけです。さらに停める場所があるということです。日本のように自動車が走るのに自転車は邪魔だから、あるいは歩行者の邪魔だからどいてくれということではなく、基本的には当局公認の駐輪スペースが至るところにあり、かつ中国の土地は国有地――多くは地方政府の所有地ですが、これが事実上開放されていて、乗り捨て自由という状況でした。シェア自転車急拡大の最大のポイントはこの乗り捨て自由であったということです。

(2)「フレキシブル」な情報管理

次に「フレキシブルな情報管理」という点があります。それは、個人情報の利用がフレキシブルということなのですが、銀行の実名口座と結びついたネット販売企業の決済口座によって自転車の利用者が特定され、利用の移動経路や時間が記録されて、信用情報として蓄積される。場合によっては、利用ルールの違反が続くとシェア自転車が使えなくなるだけではなく、そのほか諸々のことについてその人に不利益が及ぶということで、これによって仮に良心がなくても自転車をきちんと使ってもらえる方向づけがなされてきました。当初はこの仕組みはうまくいっていませんでしたが、後に機能し始めているようです。

ですから、言ってみれば「衣食足りて礼節を知る」必要がない仕組みが作られてきたということです。シェア自転車が世界で最初に登場したのはオランダで１９６５年のことでしたが、そのときにはまだ情報通信技術でこうした管理をする仕組みがなかったので、たちまち道徳的でない使い方がされて、シェア自転車は失敗に終わりました。しかし、今は情報通信技術を利用することによって、利用管理が可能になっていて、しかも中国の場合は固有の社会管理体制がありますので、シェア自転車を運営するには極めて強いアドバンテージがあります。

(3)潜在需要――安価なようで実は高い所有コスト

それから第三に、これはもしかすると世界共通なのかもしれませんが、特に中国で強調できることは、自転車の所有コストは安いようで実は高かったということです。

自転車の盗難数は、少し古い数字ですが日本の約10倍です。人口が10倍ですから盗難数が10倍でも、一人当たりにすれば中国も日本もほぼ同じです。ただし、日本の場合は盗られても半分近くは後日見つかるのに対して、中国ではまず戻ってこない。ただし、中古車販売市場に行くとそこで自分の自転車が売られているというようなことはあるかもしれません。特に自転車を盗まれて困るのは大学生です。多くの学生はキャンパス内に住んでいますが、自転車で移動しなければならないほど宿舎と教室は離れています。それで、朝授業に行こうと思ったら自転車がないということでは非常に困る。ですから、キャンパスの中にもシェア自転車の潜在的な需要があったということです。

(4)都市部における地下鉄網の整備、下車後の移動手段の需要創出

さらに第四に、都市部で地下鉄網が整備されるに従って、地下鉄を下車してから目的地

までの移動手段——まさにラストワンマイルですが、あるいは地下鉄の乗り継ぎのいわゆる「ショートカット」の手段として、シェア自転車の需要が生まれたということです。2000年代初めに急速に普及した電動自転車のほうはもう少し遠い距離の移動として使われてきたので、電動自転車とシェア自転車とはすみ分けがなされています。

シェアリングエコノミーの「中国的展開」

以上、中国でシェア自転車が受容された環境条件について幾つかお話をしてきましたが、シェアリングエコノミーの「中国的展開」ということについて少し確認をしておきます。本来は、所有すると使用していない間にも生ずる占有コストを省いて、そして必要な時に必要なだけ使えるという世界が、シェアリングエコノミーの核心部分です。そして、シェアによって資源を節約し、環境負荷を下げるはずです。

ところが中国のシェア自転車というのは、プラットフォーム間、事業運営会社間の競争によって自転車が大量にばらまかれ、それによって必要な時に必要なだけ使える世界が実現しました。他方、後で紹介する日本の場合、自転車行政の要は、これまで基本的には放置自転車の取り締まりでした。ですから、中国のような放置を容認する形でシェア自転車の普及を図ることはできない。中国の場合は、とにかく自転車のばらまき放題であったことが、まず普及の基本的なアドバンテージとして存在していたのです。

結果として、シェアリングエコノミー本来の資源を節約するとか環境負荷を下げるということとは対極の、「大量生産、大量消費モデル」――「大量浪費」と言っていいかもしれませんが、こうしたものとしてシェア自転車が当初展開されることになりました。

新世代による牽引

そうすると、中国のシェア自転車の在り方はそれまでの大量生産、大量消費社会と変わらないではないかということになってしまいます。ですが、変化した部分もありますので、変化の部分を紹介しておきます。

中国のシェア自転車のユーザーは三分の二が比較的若い層です。いわゆる「九〇后」とか「八〇后」と言われるような世代、あるいはそれよりも若い世代が主なユーザーです。つまり、これはスマホあるいは情報通信技術を使いこなせる世代ということになります。

利用層としては大卒者あるいはそれ以上の学歴の人が多いというところからすると、これはシェアリング本来の理念への意識が高いか低いかということ以上に、ユーザーの主体がオフィスワーカーであり、オフィスがあるところでシェア自転車が使われていることを示唆しているのかもしれません。ですが、それだけではなく、やはり若い世代、健康やおしゃれに関心があるような世代に訴求力をもつ乗り物であったということが言えます。

そして、ユーザーのほうが若い世代中心であることに加え、シェア自転車を提供してきた側も若い人たちでありました。この後紹介します黄色い自転車のofoは、大学生がチャレンジした企業でした。それからもう1社のオレンジのほうは、創業者の中に80年代生まれの若い女性が含まれていて、その人がドラえもんの「どこでもドア」から着想を得て、どこへでも手軽に移動できる手段ということで始めたのがmobikeという会社でした。

先駆者の盛衰

(1)市場を分け合った企業の退場

では、先駆者となり一時は市場を二分したこれら2社について簡単に紹介しておきましょう。この2社は先駆者でありましたが、残念ながら1社は事実上の破綻、もう1社は身売りで、実質的に2社とも姿をすでに消しました。シェアを二分した企業があっという間に消えてしまうところも中国経済の非常に強い特徴として挙げることができると思います。つまり、見かけ上独占、寡占が存在しているように見えて、私たちが経済学や経営学で考えている寡占の支配力ということが及ばない、実は極めて競争的な世界が、中国の経済や産業に存在しているということです。

(2) ofo

さて、先駆者の1社であるofoについてお話しします。何でofoなのか？　oとfとoを横に並べてよく見ると自転車の形と似ていることが分かります。この自転車の形を模したアルファベットで企業名が作られたのです。

この会社は北京大学の学生によって2014年に創業されました。自転車が好きな仲間が集まり、何か自転車に関連した事業をしたいということで、自転車のツアーのビジネスなどもやったようです。創業者の一人の戴威という人はいろいろな意味でなお注目されていますが、彼自身が学部生のときに4回も自転車を盗まれたという経験があり、「キャンパスの中で盗まれて、また買わなくではならないのでは大変だ」、「しかし実はキャンパス内の自転車をよく見てみると、授業に行く時と帰ってくる時だけしか使わないではないか」、「ならば自転車はシェアしたらいい」ということに気がついたのです。そこで、先行していたUberやAirbnbのビジネスモデルを参考にして、シェア自転車の事業化を思いつき、そして同窓の投資家の資金を得てチャレンジしてきたのです。

一時は本当に飛ぶ鳥を落とす勢いで、2018年の3月の段階では、日本を含む21カ国、250都市に事業展開していたのですが、その後半年余りの間にあっという間に8カ国まで展開先が減り、そして2018年の終わり頃からは事業は中国国内のみになり、今はほとんど倒産状態にあります。

私は2018年の3月と同じ年の10月にofoの本社を訪問しました。2018年3月段階では、本部の従業員は3000人と言っていました。最初に訪問したときにはオフィスにはまだ活気があり、若い従業員は皆とてもおしゃれな感じがしました。また気も利いていて、日本の人向けに「くまモン」のワッペンがついた白いパーカーを作成して配っていて、私もいただいてきました。ところが、この年の間に事業の状況が急激に悪化して、わずか半年余り後には入居ビルの占有スペースも大幅に縮小していて、本部従業員数は50人にまで減っていたのです。

ofoは調達した資金でひたすら自転車を購入し、採算度外視で投入するという、まさに「自転車操業」的事業展開で、特に再配置にべらぼうにお金がかかって、事業の採算が取れないままユーザーのデポジットのお金も流用し、デポジットも返せない、それから仕入れの支払いもできないという状況に陥りました。それでいろいろなところから訴訟を起こされて、2021年3月現在、会社として経営の実態はほぼない状態で、450億〜700億円に上る負債を抱えたまま裁判が行われているという状況です。

(3) mobike

次に、もう一つの先駆者であるmobikeについてお話しします。mobikeのほうは何人かの創業者が合同で立ち上げた会社です。ofoのほうは学生が5人で始めた企業ですが、mobikeのほうでよく注目されてきたのは胡瑋煒さんという女性です。新聞記者だった人ですが、この人が既存の公共自転車の使い勝手が悪いということで、前述のように「ドラえもんのどこでもドアのように手軽にぱっと動けるものがあれば」と考え、ofoと同じくやはりAirbnbとかUberなどいろいろなものを勉強しながらこのビジネスに辿り着きました。mobikeのほうは2015年の創業で、2018年の段階では日本を含む世界19カ国、200都市に展開していました。しかし、その後海外はほぼ全て撤退しました。

mobikeやofoが日本に展開してきた時に、私は極めて画期的だと思いました。なぜなら、第一に、中国からモノが日本にたくさん輸出されていますが、日本の既存企業を買収した例を除けば、サービスが中国から日本にやってきたのは初めてだったということです。それから第二に、中国製の自転車は日本人の管理が入らなければ絶対に日本では通用しないものだと思われていたのですが、日本人の管理の手が入らない自転車が日本に初めて入ってきたのがofoでありmobikeのシェア自転車であったのです。ですから、二重の意味でmobike、ofoの日本展開は非常に画期的だったと思ったのです。

しかし、当然ながら中国式の乗り捨て型ビジネスは、日本では展開できませんのでなかなかうまくいかず、国内事業の行き詰まりもあり、撤退に至ったわけです。mobikeは、

2018年に電子商取引・飲食店レビューを運営する「美団点評」という会社（2020年9月、「美団」に社名変更）に買収されて、元の創業者たちは経営から退いています。

こうしてトップ2があっという間にシェア自転車市場から退場したのです。

「シェアバブル」とは何だったたか？

ところで、2017年をピークとするシェアバブルとは一体何だったのか、これについて次に説明したいと思います。

(1)苦境に陥っていた「世界の自転車工場」

このシェアバブルというのは、実は自転車産業にとっては「恵みの雨」というべきものでした。中国大陸には台湾系、日系メーカーが進出し、それから地場の民営企業が成長して、中国は世界の自転車工場になっていました。中国は内需でも世界最大の市場で、最盛期には4000万台の市場を持っていました。これは日本の7年分ぐらいの国内市場になりますが、しかし内外の経済の低迷、それからフル電動走行にもかかわらず軽車両扱いになって無免許で乗れてしまう電動自転車の普及を受けて、実用用途の一般自転車の市場は頭打ちになり、実は2010年代の半ばというのは生産、輸出ともに頭打ちで、中国の自転車産業は押しなべて生産能力が過剰になり非常に厳しい状況でした。

2016年3月に中国の業界の人に話を聞いたところでは、とにかくどうしたらいいか分からないということで、いろいろな模索がなされていました。それがシェア自転車ブームで一変するのです。

これまで世界生産の7割程度が中国に集中してきましたが、米中対立の影響で内需を除く世界シェアは若干下がったかもしれません。ただ、コロナ禍での自転車需要の世界的拡大を受け、中国の業界は再び多忙になり、中国がなお世界の自転車工場であることには変わりがありません。

⑵一時的内需拡大、業界構造変化

話を戻すと、2010年代は16年まで内需も外需も拡大しなかったところ、2017年に内需が劇的に拡大し、そしてその後、それ以上に落ち込むというジェットコースター的展開がシェア自転車によって起こったのです（図3－5・次頁）。このジェットコースターが上がっている部分で中国国内の産業は本当に助けられることになりました。

シェア自転車の需要が急拡大する中で、内需向けに関しては自社ブランドで生産していた主要自転車メーカーがこぞってシェア自転車のプラットフォーム向けのＯＥＭ（相手先ブランドによる生産）に急旋回していきます。本当にたった1年の間に自社ブランドを捨てて、黄色い自転車やら、オレンジ色の自転車に一挙に旋回していったのです。

内需のシェア専用車の供給比率は２０１５年には１％もなかったと思われますが、２０１７年には国内向けのなんと3分の2を占めるようになりました。

それでシェア自転車の供給の急増によって生産能力の遊休状態が一挙に解消して、需給関係が反転しました。しかも、生産能力の遊休状態が改善されただけではなく、自転車の質的な向上も実現しました。中国のものづくりというのは、不思議なことに、以前は競争が激しくなればなるほど、値段が下がる以上に品質が下がるという傾向があったように思われます。しかし、このシェア自転車に関しては激しい競争の中で自転車の質的な上昇が見られたのです。それは、ofoやmobike、特にmobikeがそうだったのですが、今まで自

図3-5　中国の自転車・電動自転車生産台数

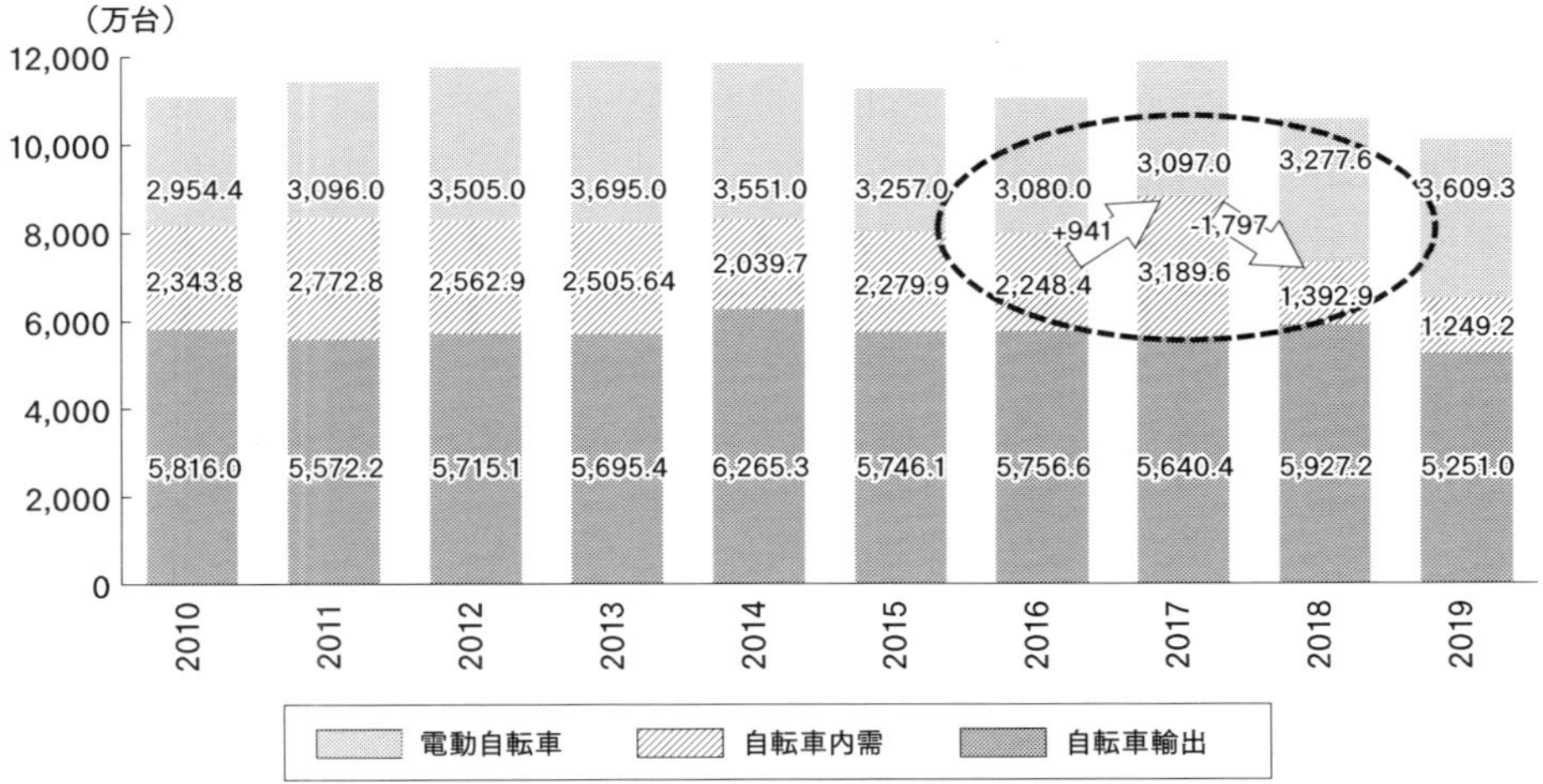

出所：『中国自行車廠商年鑑』各年版、『中国自行車』、『行業信息』、中国自行車協会ウェブサイト等により作成。

転車業界の外側にいた人たちが、自転車業界にはなかった新しい発想を持ち込み、おしゃれで耐久性も考えた自転車の設計、開発を手がけ、自転車の質的な向上が実現したということです。

ちょうどこの2010年代の後半は、中国で「供給側構造性改革」（サプライサイドの改革）が提起されていた時期でありました。自転車産業では生産能力の遊休が解消され、生産の質的な向上が実現するということで、自転車は供給側構造性改革をまさに体現する産業になったのです。

しかし、自転車の所有から利用へのシフトによって、自転車を販売する小売店は当然スキップされ、それから内需の縮小を後にもたらすことになります。

(3)日系部品メーカーにチャンス

シェア自転車ブームは日本企業は無関係だったかというとそうではありません。電動自転車のところで紹介した日系のブレーキメーカーがここでも登場することになります。

このブレーキメーカーが中国の電動スクーター・電動自転車向け供給で4割のシェアを

取ったことを前の章で紹介しました。このメーカーは日本の自転車産業の中国シフトに先駆けて1990年代の初め頃に中国へ進出して中国での生産を始め、中国国内市場向け、それから日本向けの自転車組付け用として中国の拠点で生産を拡大してきました。

そして2000年代に入って電動自転車産業が発展する過程で、完成車メーカーから製品が品質面で評価され、次々に採用されていったのです。それで、年間3000万台規模に拡大した電動自転車産業で一時はブレーキ供給シェアの6割くらいを獲得するメーカーになりました。現在でもなお4割のシェアを持っているようです。

そして、この企業に3回目の大チャンスが到来しました。この企業はこれらのチャンスを都度自らのものにしてきました。繰り返しになりますが、1回目は1990年代に一般自転車の生産の中国シフトで、これを中国で待ち構えることになりました。2回目が2000年代に中国国内で電動スクーター・電動自転車の市場が急速に拡大したこと、そして3回目は2010年代半ばのシェア自転車の急拡大です。

シェア自転車のプラットフォーム・運営事業者たちが競争していく中で、この事業者たちは丈夫で安全な自転車が必要だと認識するようになりました。酷使されても簡単に壊れてはいけませんので、そのために安全な部品が採用されるということになりました。それで、業界で著名になっていたこのメーカーのブレーキが採用されました。

　ですから、中国に行ってシェア自転車のブレーキを見ると、少なくとも2台に1台くらいはこの企業の名前が入っていました。

　そして、一時はmobikeと市場を二分したofoの自転車に至っては前と後ろの両方に同じブレーキをくっつけていました。1台につき2個ブレーキが売れるということで、このブレーキメーカーは先ほどのジェットコースターが上っていくプロセスでは物すごく忙しかったようです。

　ちょうどその忙しい最中、中国で現地法人の責任者の方にお話を聞きましたが、私が話を伺っている間にも、向き合って座っているテーブルの上にある2台のスマホがひっきりなしに鳴り続けました。その都度「ごめん、ちょっと電話に出る」と言って電話を取り「分かった、分かった」と言っては切り、するとすぐまたもう1台が鳴り……という状況でした。「先方から何を言われているのですか」と聞くと、納品の催促だと言うのです。さらに話を聞くと、とにかく物すごい受注量で、このような電話が深夜の1時まで鳴り続ける

写真3－7

ということで、2台のスマホをそれぞれ1日に2回充電しないともたないくらい発注と催促の電話が頻繁にかかってきていたとのことです。

⑷危ういビジネスへの旺盛な資金流入とその背景

シェア自転車の投入台数は2017年に2000万台と先に言いましたが、私がこのブレーキメーカーで伺った印象ではとても2000万台どころではなく、2017年春の勢いで言うと、これは全くの私の印象ながら、倍ぐらい投入されていてもおかしくないぐらいの受注量でした。

それから2018年秋に、ofoの創業者の一人の方に話を聞く機会を得た際、同社が累計でどのぐらい自転車を投入しているのかと伺ったら、同社だけで2000万台を大きく超える数字の回答がありましたので、2017年の実際の投入量は2000万台どころではなかったのではないかと私は思っています。

とにかく膨大な自転車が投入されたことになりますが、自転車を投入するには当然お金がかかります。そしてそのお金はファンドからの調達資金で賄っていました。

しかも、調達した資金の8割が人民元建てであったことは、中国のなかで金が余ってしようがなかったことを表していると思います。その人民元の金余り状況のなかで、どこか良い投資先がないかとお金が蠢いていたところに、政策的な後押しもあって、シェアリングエコノミーに可能性がありそうだ、そのなかにシェア自転車があるということで、お金が集中することになりました。要はファンドの投資のはけ口になったのです。

2016年から18年3月までの、たった2年ほどの間にmobikeとofoの2社だけで少なくともドル換算で40億ドルくらいが投入されていたと推計されます。この2社には、例えばテンセントとかアリババなどにつながる企業の資金もたくさん入っていました。

(5)危ういビジネス、始まった淘汰

他人の金を使って事業をやるわけですから、いつかは採算をとって自立しなければなりません。計算上は料金収入で利益が出るはずだったのですが、ところが実際はメンテナンスと回収・再配置のコストが膨大にかかるわけです。ビジネスモデルの計算のときに、回収・再配置コストをほとんど考えていなかったのではないかと思わざるをえません。特に乗り捨て自由ですから、どこに、どう乗り捨てられているか分からない。それを一台一台拾っていくということで膨大なコストがかかりました。このような方式は中国のように労働力がまだたくさんいるようなところでなければ成り立たない事業のやり方ですが、それでもコスト面では全く成り立たない状況になりました。

そして、2017年後半に自転車の新規投入規制がかかると、あっという間にシェアバブルは崩壊し、ジェットコースターは急降下、退出が相次ぐということになりました。

(6)若者の夢から巨大IT系資本の支配へ

こうして多くの企業が退出し、シェア自転車というのは若者が夢を実現する場であった

のですが、結局巨大ＩＴ系資本の支配する業界へと変身していきました。

ofoとmobikeという一時は市場を二分していた二つの企業は、先ほど基本的には退場したと言いました。ofoのほうは、本来であれば出資をしてくれた、資金を提供してくれたファンドに身売りしてしまえばよかったのですが、彼らは自転車が好きだったもので、自主再建にこだわり、膨大な債務を残して結局は事実上退場することになりました。

この創業者の中心であった戴威氏は、聞くところでは膨大な債務を抱えるということで、出国が制限される身分になっているそうです。それからmobikeのほうも、結局巨大ＩＴ系企業の出資を受け入れて、そして経営に行き詰まると、先にお話ししたように「美団点評」（現・美団）という会社に身売りをしました。こうして中国の夢を体現したかに見えた若者たちが退場していきました。そして、後発プレーヤーの中で出てきたのがアリババ、それから滴滴といった情報通信系の巨大資本が中心となる事業体になります。こうして新しいプレーヤーが結局はこの業界を支配していくことになります。

採算確保、質的発展へ

さらにその巨大IT系企業の運営という支配に変わっていく中で、業界の在り方も少しずつ変わっていきました。

競争が激しいことに変わりはないのですが、競争が秩序立ってきます。2019年にジェットコースターを下り切ったところから、採算が取れるような価格変更がなされていきます。これもプレーヤーの数が少ないからある程度協調して行われることなのだろうと思います。それから電動アシスト自転車がシェア用に登場してきました。

2019年の夏に天津で撮った写真を見ると、7台、遠いところまで含めると8台の自転車が写っています(**写真3－8**)。近いところの7台の自転車のうち3台は電動アシストのシェア自転車です。逆に一般自転車に乗っている人はこの中で多分1人ぐらいしかいません。あとはシェア自転車です。

中国の自転車の利用状況は、都市部ではこのように変わっているのです。ですから、ジェットコースターを下り切ってもシェア自転車はすっかり定着し、かつ電動アシスト自転車なるものが登場してきたということがわかります。

写真3－8

ただ、中国の電動アシスト自転車はアシストとは言いますが、日本のそれとは全然違います。ペダルを踏み込むとモーターが起動します。ところが、ここがさすが中国たるもので、モーターが起動すると、あとは手元のグリップを動かせば、電動スクーター・電動自転車と同じように自走し続けるというものです（**写真3－9・次頁**）。

それからもう一つは、基本的に好き勝手に乗り捨てるのではなくて、駐輪エリアにきちんと停めるようシステムで誘導されるようになりました（**写真3－6**）。そして、所定のエリアにきちんと停めないとペナルティーが科されるようになってきました。特に電動アシスト自転車の場合、所定外のところに放置されて回収できなかったり、なくなったりした場合の損失が大きくなるので、徐々に駐輪場所に誘導する方向に来ています。

写真3－9

自転車製造、内需のシェア依存は定着

シェア自転車はすっかり中国の社会、特に都市部で定着したと言いましたが、作る側にとっても、実は内需向けの生産を、コロナ前にはシェアに著しく依存するという状況が定着していました。

写真3－10は天津にある自転車メーカーの様子ですが、このメーカーも国内市場向けは電動アシストのシェア自転車に著しく依存しています。受注量が多過ぎて、完成した自転車が工場の外に野ざらしに置かれているという状況です。この企業は、実は2年ぐらい前までは黄色い ofo の自転車をたくさん作っていたのですが、今その黄色

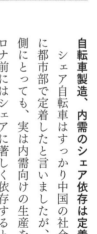

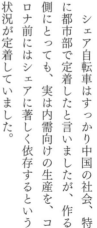

写真3－10

い自転車は一台もなく、生産を受注している自転車の色はティファニーブルーに変わりました。

それから、**写真3－11**（次頁）は、日本向けにも自転車を生産している企業です。ここも5本ある生産ラインのうち3本はシェア自転車向けで、うち1本は電動アシスト自転車の生産ラインとなっています。そして残り2本は日本向けの生産ラインとなっています。

このように作る側にとっても、内需のほうはシェア自転車向けの生産への依存が定着してしまったということです。

中国のシェア自転車をとりまく環境条件

⑴拡大の背景

話をまた少し全体の環境のほうに戻します。シェア

写真3－11

自転車の中国的な展開としては、拡大の背景として、ある種環境条件が整っていたということで、すでにお話ししたように、地方政府が管理する国有地なので、地方政府が黙っていれば自転車の放置は違法にならなかった。特に都市の交通手段の整備ということから、自転車に乗ってくれればそれはそれでよかったのです。地方政府としては放置を認めるだけで公共交通手段の整備が進むということになりましたので、プラットフォーム間・事業者間の競争を歓迎して、競争に委ねてきました。

先ほど紹介しました黄色い自転車ofoの創業者の一人の話では、実は参入を始めるときに地方政府にシェア自転車事業をやっていいかどうか問い合わせたのだそうです。ところが、当時その地方政府は他のことに忙しくすぐには返事をくれなかったらしいのです。ダメという回答がないならば始めてしまおうということで、事業を始めたらしいのです。

⑵エリア拡大の可能性

それから、今後ジェットコースターのような展開はないにしても、シェア自転車は定着して、場合によっては拡大していく可能性もあります。中国ではこれからまだどんどん地下鉄網が伸びていきます。そうすると、地下鉄を下りたそこから先というところでシェア自転車が使われる。そのフロンティアがまだまだ存在しているのです。

⑶問題噴出

ただ、問題が非常にたくさんあったことも事実で、無秩序な駐輪、放置それから乱暴な使い方が問題として発生しました。わざわざ破壊してみたり、あるいはひどい人になると川に投げ込んだりとか、あるいは木に登らせてしまったり、いろいろなことをやる人がいました。なかにはシェア自転車に自分の鍵をつけて占有を続ける人も出てきました。こうしたユーザーのモラルの問題が頻発しましたが、情報通信技術をより細かく応用していく方向でシステムが進化してきています。

さらに自転車の過度の投入が交通問題を引き起こしてしまったということで、2017年8月に投入制限がかかったわけですが、そうした時にデポジットの返金要求にこたえられないという問題が発生して業界は混乱しました。

業界組織がルール形成を先導し自律的発展を目指す

(1)業界の自律的動き

しかし、業界が勝手に始めて、勝手に混乱したときに、自律的に修正がなされていくというのもまた中国の特徴です。シェア自転車は不況で困っていた自転車産業にとっては恵みの雨であったわけで、シェア自転車はけしからんから禁止するということになっては自転車産業にとっては大変です。

そこで、自転車産業として、シェア自転車のプラットフォーマーも協力して、業界の基準・ルールを制定しようという動きに入ります。つまり、自分たちでルールを作って、自律的に発展していこうという方向になったのです。これは中国では他の産業でも観察できたことです。

(2)ルール化へ政府も動く

ただし、今回は社会的に負の影響が大きすぎ、中央政府が早めに動かざるを得ませんでした。先ほど投入を制限することになったと言いましたが、それがまさにその動きです。2017年8月に「インターネットレンタル自転車の発展を奨励し、規範化することに関する指導意見」が出されて、投入の制限がかかることになりました。

事業者の淘汰と変わる競争の方向

こうして投入の制限がかかって新規参入が困難になりました。そして自転車の投入を増やし、まだまだ事業は拡大しますよ、シェア自転車は魅力的ですよと言って投資家からお金を引き出すことも困難になりました。そこで資金力、資金調達力のない既存の事業者からどんどん退出していくことになりました。こうして正常な運営に耐えられない事業者たちが退出していき、事業者の数が絞られていきました。

それで、この動きの中での中国的な展開としては、先ほど述べた中央政府から出された指導意見において、シェア自転車利用者のユーザー情報を政府関連部門が共有すると言っていることです。つまり、先ほどすでにお話ししましたが、自転車をきちんと使わなければシェア自転車の利用にとどまらず、生活上その他の面でも困りますよ、というような社会管理のやり方が中国では可能だということです。

今回のコロナへの対策でも中国は他の国よりも、いい悪いは別としてうまくやりました。それは情報通信技術を利用した社会管理が可能だからです。シェア自転車もコロナへの対応と同じように情報通信技術を利用した締めつけを行うことで利用の正常化を図る方向に来ているのです。

こうして利用の正常化を図りつつ、業界の競争としては先ほど紹介したように、値上げ、投入台数の制限あるいは電動アシスト自転車の投入といった方向に進み、その利用状況は徐々に改善しているということが示されています。

中国的発展を見せたシェア自転車

「中国的展開」という話になってきましたが、中国でシェア自転車の中にも、いろいろな産業の中で見られるように中国的な発展の在り方を他にも見て取ることができます。

スマートロックの技術、自転車を作る技術、それからその他情報通信の技術が中国の中で十分に蓄積されていたこと、必要な生産要素を必要に応じてどこからでも調達できたことがあり、さらに市場の規模が非常に大きく事業化しやすいこと――こういった中国が持っているアドバンテージがシェア自転車のような産業を生み出し、それを急激に拡大させることになったのです。

シェア自転車プラットフォーム間の激しい競争の結果、実際には膨大な無駄と混沌を伴う発展になりましたが、そこで余った供給能力が日本をはじめとする海外での事業展開を後押しすることになったのです。

シェア自転車という新しいものの展開にもかかわらず、大量生産・大量消費という伝統的な発展モデルが変わらなかったということだけではなく、そこには新しい状況も反映されていることはすでにお話ししたとおりです。中国では日本に先駆ける形で、シェア自転車を移動手段のシームレスなつながりをつくるMaaS（Mobility as a Service）や、あるいはさらにそれを超えてスマートシティーを建設するという構想の中に位置づける都市計画案も存在していて、そのような先進的な部分も中国のシェア自転車は持っているのです。

3．日本のシェア自転車
――事業として成立するか？

日本におけるシェア自転車の現状

ここまで中国のシェア自転車の展開をお話ししてきました。それに対して日本はどうなのかということを、お話しします。日本のシェア自転車は２０１０年代に入って始まりましたが、投入台数でみると、中国よりもゼロが三つも少ない規模です（**表3－1**）。日本の人口が中国の10分の1だとしても、中国に比べるとシェア自転車の普及はまだまだということになります。

しかし、それでも近年急速に普及が進み始めているところです。自転車の投入台数は、中国の事業者からすれば取るに足らないくらい少ないのですが、急激に増えていることは**表3－1**から見て取ることができます。またシェア自転車の実施都市数も急増しています（**図3－6**・次頁）。

日本の業界を牽引しているのはドコモ系のdocomo bike shareと、それからソフトバンク系のHello Cyclingになります。その他にも自転車ビジネスに情熱を持つ家本賢太郎氏率いるCharicyariなどいろいろな事業者はいますが、現段階ではこの二つのグループのサービスが圧倒的です。

表3-1　シェア自転車投入台数　（単位：台）

	2020年	2019年	2018年
docomo bike share	14,000	10,500	7700
Openstreet（Softbank）	8,000	5,500	4300
IHI エスキューブ	3,000	3,300	
オーシャンブルースマート	1,000	200	
ofo	0	0	
mobike	0	100	
cogicogi	330		
アーキエムズ	130		
メルチャリ → Charicyari	1,500	100	
アマノ		1,300	
ペダル		300	
蔦井		30	
その他	640	1,300	
計	28,600	22,630	n.a

出所：長谷部雅幸自転車博物館事務局長提供資料、国土交通省「第1回シェアサイクルの在り方検討委員会資料」、docomobikeshare、シナネンモビリティ＋からの聴き取りによる。

図3-6　シェア自転車実施都市数の推移（2019年3月末現在）

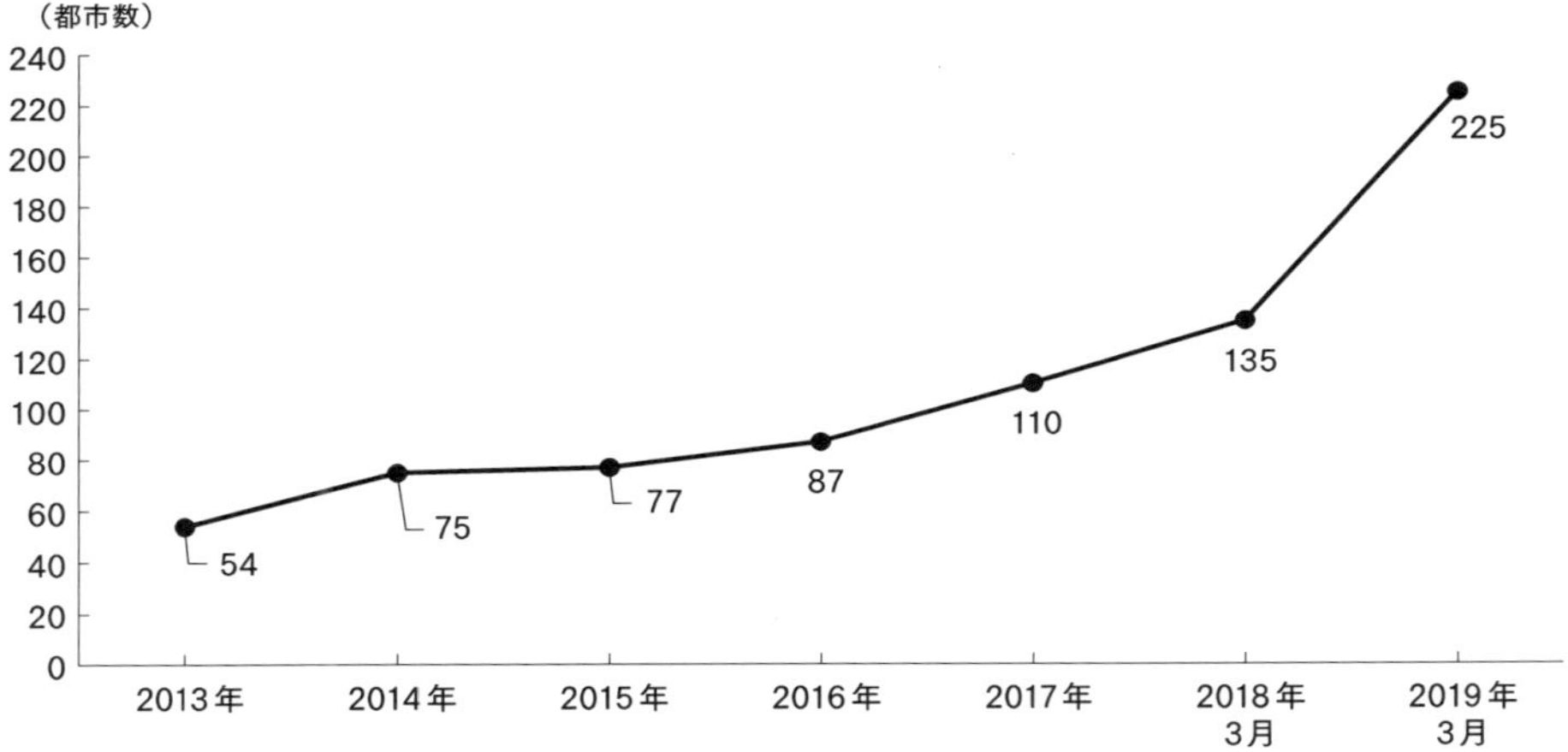

出所：奥田謁夫（2019）「シェアサイクルの取組等について」国土交通省、「第4回シェアサイクルの在り方委員会資料」国土交通省

日本では主に電動アシスト自転車がシェア自転車に使われています。中国では普通の自転車で始まりました。それでは、なぜ日本では電動アシストで始まり、電動アシストが主流なのでしょうか？ それは電動アシスト自転車のメーカーが目指している乗り味などといった快適性が理由なのではありません。スマートロックの電源確保をめぐって中国と非常に対照的だったということなのです。日本ではスマートロックへの給電が途切れないように、電池がついている自転車でなければならないという発想に立っているのです。中国のほうは発想が全く違って、別に少しくらい切れたっていいではないかという、いい加減な部分と、給電が課題ならば消費電力が少ないスマートロックを開発しようと考えた部分があります。シェア自転車のスマートロックに対する発想が全く違うのが比較して面白いところです。

当面の方向

実は、２０１８年は日本で「シェア自転車元年」と言われていました。２０１８年から参入プラットフォームは増えてきたのですが、しかし中国とは違って、いきなり自転車をばらまくということはできません。徐々に利用環境を整えながら、利用方法を簡便化しながら、それから駐輪スペースを確保しながら事業展開がなされてきました。さらに実用プラス観光の部分も徐々に広がってきています。

シェア自転車として電動アシスト自転車を使う利点が、日本の自転車業界には他にもあります。先ほど言った給電上の理由ということだけではなく、日本の国内生産の砦である電動アシスト自転車の生産増ということでも、シェア自転車として電動アシストを使うことの意味が非常にあるということです。

このほか日本と中国とを比べた時に大きく違うのは、中国の場合は政府が何もしなければどんどん産業が形成されていくのですが、日本の場合、企業が事業を展開するためには、自治体、警察、鉄道会社ほかいろいろなところのさまざまな規制を緩和してもらわないといけないということがあります。

中国の場合は、地方自治体が何もしないことが産業形成にはよかった。そして自転車投入合戦で混乱したので政府が出てきたということですが、他方、日本の場合は、地方自治体、警察、鉄道会社といったところが規制を緩和していくというところがまず出発点になるのです。そして、通信事業者たちがより自律的に事業展開をしていくということと、加えてコンビニ、ドラッグストア等の商業事業者あるいは駐車場開発業者などが駐輪スペースを提供していくといった、こうした3種類のプレーヤーの協働が必要になってきます。

平成17年に「道路法」の施行令が改正されて歩道をもう少し駐輪として使えるような状況になっているのですが、これがまだ十分には進んでいるとは思われない。とにかく地方自治体、警察、鉄道会社などのプレーヤーの行動がどうなるかというところがまず大きな鍵になっています。駐輪ポートの税制上の優遇については、国交省と地方自治体との協調も必要です。

採算性は？

中国のシェア自転車の業界というのは、自転車のばらまき過ぎという過当競争の中で、基本的には採算が取れていないところがほとんどですが、では日本はどうなのかと見ていくと、docomo bikeshare の場合、サービスの利用回数は急増傾向にあり（**図3－7・次頁**）、2020年度に売上げ利益の黒字化が、そして21年度には営業利益の黒字化も達成されま

図3-7　docomo bikeshare直営サービスの利用回数

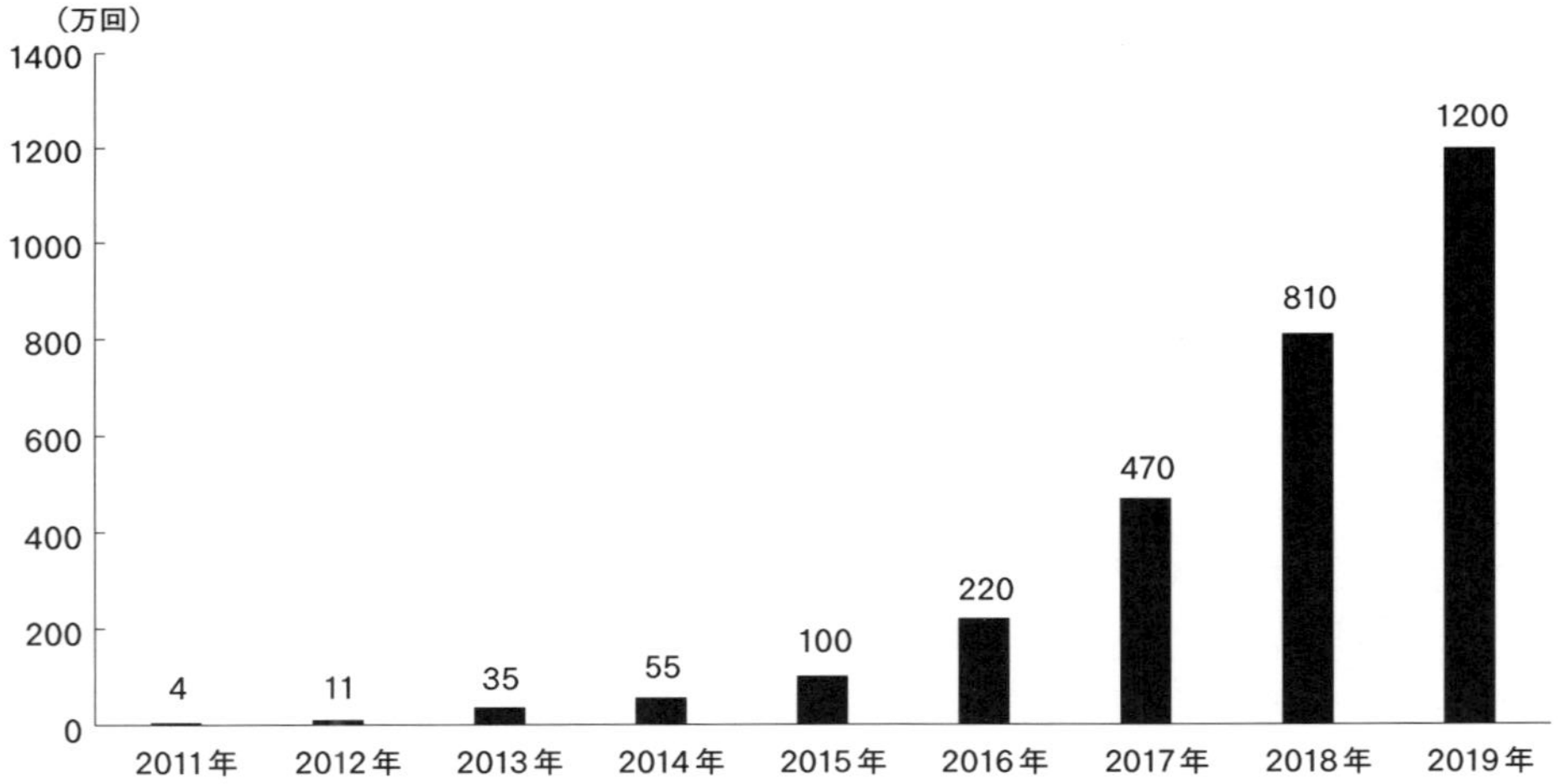

出所：シェアサイクルの在り方検討委員会資料

した（**表3―2**・次頁）。

利用回数の上昇とともに、やはり採算が取れるものに少しずつですが近づいてきているようだというのが日本のシェア自転車の在り方で、中国とは進み方が大きく違います。中国のほうは、膨大な無駄を出し、赤字を垂れ流しつつも、とにかくまず一挙にばらまいて、どうするかは後から考えるというようなやり方でした。しかし、日本のほうは、採算性を考えながら、そして非常に強い規制の中で徐々に事業を展開し、例えばドコモ系に見るように徐々に黒字に近づいてきたということが読み取れます。ただ、ソフトバンク系のOpen Streetのほうは残念ながらまだ採算性について議論できる状況ではないようです（**表3―3**・次頁）。

ソフトバンク系のほうはドコモ系と少し事業形態が違って、ドコモ系のdocomo bike-shareが自転車の調達から事業運営、それからシステム提供まで基本的には自分でやっているのに対して、ソフトバンク系のHello Cyclingは、システム提供はソフトバンク系のOpen Streetという会社がやりますが、実際のシェア自転車の事業運営は、シナネンホールディングス傘下のシナネンモビリティプラスという会社などが分担するというような状

表3-2　docomo bikeshareの経営状況

決算期　3月	（第1期） 15年3月	（第2期） 16年3月	（第3期） 17年3月	（第4期） 18年3月	（第5期） 19年3月	（第6期） 20年3月	（第7期） 21年3月
売上高（百万円）	0.36	228.9	467.7	954.7	1,431	2,064.2	2,424.7
売上総利益（百万円）	△1.15	△374.5	△473.9	△215.0	△133.0	300.0	470.8
営業利益（百万円）	△6.15	△490.5	△673.5	△662.1	△603.4	△195.1	59.7
経常利益（百万円）	△45.91	△476.6	△656.9	△443.2	△606.5	△220.1	42.0
当期純利益（百万円）	△46.25	△477.5	△657.8	△446.5	△608.1	△222.7	40.0
利益剰余金（百万円）	△46.25	△523.8	△1,181	△1,628.1	△2,236.2	△2,458.1	△2418.2

出所：官報決算公告

表3-3　OpenStreetの経営状況

決算期　3月	（第1期） 17年3月	（第2期） 18年3月	（第3期） 19年3月	（第4期） 20年3月
当期純利益（百万円）	△2.28	△39.56	△204.92	△514.98
利益剰余金（百万円）	△2.28	△41.84	△246.77	△268.22

出所：官報決算公告

況になっていました。このシナネンモビリティプラスは事業計画の中で近い将来単年度黒字というのを明確に打ち出していて、そして自転車の回転率も上昇しているようです。

両系統の事業形態の違いはもう一つあります。docomo bikeshareは自治体との協力を中心に事業を展開していて、自転車を自治体の補助で買い、駐輪の用地確保に関しても費用を節約できています。他方、Hello Cyclingは、事業者が自前で自転車を買い、民間の土地を利用して駐輪ポートを設置しているため、どうしてもコストが嵩むことになります。

4.　経済産業発展をめぐるこれまでの日中の事業環境の差異

ここまでシェア自転車について中国を中心に見て、日本についても見てきましたが、産業発展・経済発展をめぐる日中の事業環境の差異ということを、ここまでの話から考えてみたいと思います。

自転車を通して見てきて、日中の事業環境の差として、市場規模の差に起因する市場の性質の差というものが三つの章の話の中から示唆されたような気がします。

そして、国土・都市スペースの規模の違い、それから優先して発展させるべき産業が何なのかということによっても、自転車ビジネスの発展環境は変わってきましたが、中国の場合、いずれにおいても日本に比べてアドバンテージを持っていました。

さらに産業を発展させていく上での考え方の差異も非常に重要です。

日本の場合は、100良くて1問題がある場合、ほとんど良いことばかりなのに、1問題があるからと言ってやらないという傾向が今まではありました。100良いことがあるのに1だけの問題のために行政関係のいろいろな規制がかかってきました。それに対して中国のほうは、100の良いことに対して99問題があっても、差し引きして1でもプラスだったらいいじゃないか、やろうじゃないかとなって何でもやってしまう。電動自転車もそうでしたし、それからシェア自転車もやはり同じような状況でした。

それから、事業環境としても日本の場合は交通規則がまず決まり、信号設置計画があって道ができる。そこからやっと人が通り始めます。それに対して中国の場合は、人が勝手に通る。そうすると人が通って土を踏み固めるので道ができてしまう。通る人が増えてくると混雑するので交通規則、信号ができる。そして整備されたので便利になったということでさらに交通量が増える――こういった経緯を辿るわけです。例えば今回見てきた中では電動自転車にせよ、シェア自転車にせよ、こういった状況を見てとることができました。となると、新しい産業が育ち拡張する上では、日本よりも中国のほうが残念ながらアドバンテージがあると言わざるをえません。では日本はこれからどうしていくのか。中国と同じようにはできませんが、さまざまな規制をどのように緩めていくのかということが重要な論点になってくると思います。

それから、シェア自転車運用の鍵でもある情報通信技術の応用に関して、位置情報や個人情報をいかにビジネスに利用し、金に変えていくのかというのが、シェア自転車を営利ベースに乗せていく上で重要な課題です。自転車レンタル事業それだけで他産業と同じように儲けていくのは実は難しいものであるということは、さまざまな人から指摘されています。シェア自転車を事業化するにあたって情報を活用していくことでは、中国のほうが自由度は高い。日本の場合規制が非常に強いので、個人情報の扱い等をどうしたらいいのか、これについては今後考えなければなりません。

5. コロナとシェア自転車――禍を福に変えて

それでは最後になります。最後にやはりコロナの問題については触れておかざるを得ません。コロナとシェア自転車との関係と言いますと、シェア自転車に関しては不謹慎かもしれませんが、禍を福に変えているということができそうです。

日本でも、それから中国でも、シェア自転車は短距離移動、買物とか通勤・通学、他の交通手段がない場所への移動、それから宅配といったような用途で使われています。中国では宅配は電動自転車を使いますので、宅配用途は主に日本ですが、いずれにしてもコロナでシェア自転車には追い風が吹いています。

それで、中国ではすでにシェア自転車は定着していますが、日本も今まさに定着の絶好の機会を迎えています。この後シェア自転車をどう定着させていくのか、中国の経験が参考になるとは実は全く思いません。しかし中国のようにやりたい放題とは言わないまでも、規制が緩和されて事業者のイニシアチブがより発揮される方向が有効である、というのがもしかしたら中国から読み取れる示唆なのかもしれません。

最後に余計なことになりますが、中国の自転車産業はシェア自転車のおかげで米中貿易戦争で受けた生産・輸出に対するダメージも挽回することになりました。しかし、シェアの定着によって数量面で内需は拡大しない可能性もあるということを最後に申し添えておきたいと思います。

最後は少し話がそれてしまいましたが、三つの章にわたって自転車を通じて日本と中国との連関と違いということについて考える試みを、読者の皆様と共にさせていただいてまいりました。拙い話にお付き合いいただきまして誠にありがとうございました。

あとがき

本書は、2021年3月から4月にかけて計3回にわたり担当させていただいた「霞山アカデミー・オンライン講座」の記録に、若干の加筆修正を施してまとめたものです。

筆者は、日本と中国それぞれの経済の変遷や両国の経済関係のありよう、あるいは日中の差異を、自転車という身近な乗り物を通じて論じることを、近年試みてきました。これまでの試みを、できるだけ平易に広く伝える機会があればと願っていたところ、思いがけずオンライン講座の機会をいただき、さらにそれを文字の形に残すことができました。

勤務先の所属は経済学部ですが、筆者の研究領域・手法はともに主流から遠く外れたところに位置しています。統計学的方法論であれば、このような観測値は「外れ値」として分析から除外されてしまうような存在です。また、産業研究の中でも、自転車という、身近ではあるものの、マイナーな工業製品を扱っていて、狭い範囲の趣味的勉強とみられることも少なくありません。上記のように「自転車という身近な乗り物を通じて日本と中国それぞれの経済の変遷や両国の経済関係のありよう、あるいは日中の差異を論じる」などと言っても、「何のことやら……」という反応がしばしば返ってきます。

このような反応が当たり前の状況でしたので、「霞山アカデミー・オンライン講座」で3回にもわたり、上記の点について説明する機会をいただけたのは大変ありがたいことでした。ご多忙のなか、貴重な時間を割いてオンライン講座を聴講してくださった皆様にこの場をお借りして心より御礼申し上げます。

ただ、せっかくありがたい機会をいただいたにもかかわらず、いざやってみると、勉強不足の点がなお多くあることも痛感し、お話しした内容が説得的であったかどうか、はなはだ心許ないところもあります。特にコロナ禍は産業・経済に大きな変動をもたらし、社会に多大な影響を及ぼしていますが、この点について十分な議論ができませんでした。

コロナ禍は多大な犠牲をもたらしつつも、社会の新しい方向性も示すことになっており、自転車はその新しい方向性のなかで活用される交通手段と位置付けられます。自転車活用の今後の可能性についての日本と中国、そして他国・地域における共通の方向性や差異についての検討は、引き続き筆者にとって興味のある課題です。

今回のオンライン講座ならびに本書で紹介している内容は、筆者が過去に発表した文章にもとづいており、それらは多くの企業・機関への取材と、筆者が現在主査を務めている「自転車ビジョン」委員会（一般財団法人自転車産業振興協会）の委員の先生方をはじめとする専門家からのご教示にもとづいています。自転車産業振興会の皆様並びに、紙幅の都合上、お名前を列挙することができませんが、ご協力くださった関係各位に深謝申し上げます。

一般財団法人霞山会文化事業部の齋藤眞苗様には、講座の企画から本書の出版に至るまで本当にお世話になりました。また同会文化事業部の皆様にはオンライン講座実施にあたり、全面的にサポートしていただきました。小野邦久・前理事長、阿部純一・現理事長は、オンライン講座での拙い話を収録スタジオで聴いてくださり、小野前理事長、阿部理事長、六鹿茂夫・常任理事は講座の開催から講義録の出版までの企画をご支援くださりました。霞山会の皆様の多大なお力添えに心より御礼申し上げます。

略歴

駒形 哲哉（こまがた　てつや）

慶應義塾大学経済学部教授、博士（経済学）。専攻は中国経済論、経済体制論、産業論。1965年生まれ。慶應義塾大学経済学部卒、同大学院経済学研究科博士課程単位取得退学。（財）霞山会給費留学生として中国天津・南開大学留学（1989－90年）。（財）霞山会職員、獨協大学経済学部専任講師、慶應義塾大学経済学部専任講師、准教授を経て2011年より現職。現在、（一財）霞山会理事、（一財）自転車産業振興協会「自転車ビジョン」委員会主査。主著に『中国の自転車産業「改革・開放」と産業発展』（単著、慶應義塾大学出版会、2011年、慶應義塾賞、樫山純三賞・学術書賞受賞）、『移行期 中国の中小企業論』（単著、税務経理協会、2005年、中小企業研究奨励賞経済部門本賞受賞）、『中国産業論の帰納法的展開』（共編著、同友館、2014年）、『東アジアものづくりのダイナミクス』（単編著、明徳出版社、2010年）などがある。

霞山アカデミー新書　経0001

自転車に乗って見る日中経済
――コロナを超えて

令和三年十月一日　発行
令和五年三月一日　二版

著　者　駒　形　哲　哉
発行者　阿　部　純　一
発行所　一般財団法人　霞　山　会
〒一〇七－〇〇五二
東京都港区赤坂二丁目一七－四七
赤坂霞山ビル

印刷・製本　㈱興学社